创造中成长

探索人工智能的奇妙世界

李嫄　陈文香　李然　著

石道辰　审

哈尔滨工程大学出版社
Harbin Engineering University Press

创造中成长
探索人工智能的奇妙世界

图书在版编目（ＣＩＰ）数据

创造中成长：探索人工智能的奇妙世界 / 李嫄，陈文香，李然著. -- 哈尔滨：哈尔滨工程大学出版社，2024.4. -- ISBN 978-7-5661-4404-1

Ⅰ. TP18-49

中国国家版本馆 CIP 数据核字第 20242GA536 号

创造中成长——探索人工智能的奇妙世界
CHUANGZAO ZHONG CHENGZHANG—TANSUO RENGONG ZHINENG DE QIMIAO SHIJIE

选题策划：石岭
责任编辑：李暖
封面设计：杨婧

出版发行：哈尔滨工程大学出版社
社　　址：哈尔滨市南岗区南通大街 145 号
邮政编码：150001
发行电话：0451-82519328
传　　真：0451-82519699
经　　销：新华书店
印　　刷：哈尔滨午阳印刷有限公司
开　　本：889 mm×1 194 mm　1/16
印　　张：13
字　　数：314 千字
版　　次：2024 年 4 月第 1 版
印　　次：2024 年 4 月第 1 次印刷
书　　号：ISBN 978-7-5661-4404-1
定　　价：78.00 元

http://www.hrbeupress.com
E-mail: heupress@hrbeu.edu.cn

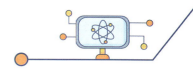

作者的话

欢迎来到人工智能的奇妙世界！

你现在正在阅读的是一本人工智能领域的入门读物，如果你刚好在读初中，那么这本书对你来说就再合适不过了！学习人工智能要用到多个不同学科的知识，特别是计算机和数学。要想从本书中获得最大的收获，你最好具备以下基础：

1. 能够比较熟练地使用 Windows 操作系统的个人计算机。

2. 对编程有一些初步认识（任何编程语言均可）。

3. 完成义务教育七年级数学科目的学习。

通过学习本书并完成相应的实践活动，你将拥有对人工智能领域历史和现状的整体认知，并且了解其中一些关键技术的大致思路。你将亲手编写 Python 语言程序以实现一些用于人工智能的简单算法，与此同时，你的编程能力也会有所提升。

本书分为"什么是人工智能""让人工智能读懂世界""人工智能帮我们解决问题""人工智能的应用""人工智能的未来"五个主要部分，其中第一和第五部分将引导你展开一些宏观思考，而第二和第三部分的内容则需要你在实践活动中理解，特别是在编程方面。

Python 是人工智能领域常用的编程语言，为了顺利完成本书的实践内容，你需要准备一台能够进行 Python 编程的计算机。尽管本书使用的 Python 语句相当简单，但本书并不是 Python 的入门教程，没有特意加入零基础 Python 学习的内容。因此，假如你完全没有 Python 编程经验，可能需要一些额外的帮助。

如果你是在学校老师的指导下使用本书，那么只需要按照老师的指引来操作即可。如果你选择自己学习，我们有以下建议：

1. 最系统的方法是跟随一本书来学习，你可以选择《Python 编程——从入门到实践》这样的经典教材，也可以选择《青少年 Python 编程入门》之类专门为青少年编写的图书。

2. Python 的官方文档（https://docs.python.org/zh-cn/3/）也可以作为工具书来查阅，或许它不如上面的教材好读，但其中的信息一定是最新最全的。

3. 如果你遇到的问题比较具体，比如"某个函数是怎么用的"或者"这条错误信息是什么意思"，可以尝试使用通义千问、文心一言等大语言模型 AI。你只需要像聊天一样提出问题，它就会像老师一样耐心地回答你。

人工智能领域正处于飞速发展的阶段，今天看起来非常先进的技术，也许明天就会被更优秀的技术替代。本书所反映的只是 2024 年初人工智能领域的情况，在你读这本书的时候，或许人工智能领域又产生了翻天覆地的变化。然而无论变化有多么大，新技术都不会是凭空出现的，你一定可以在这本书里找到与它一脉相承的源流。

在完成了本书的学习之后，如果你想进一步探索人工智能领域，可以从理论和实践两方面入手。在理论方面，推荐你阅读《人工智能——现代方法》等经典教材；在实践方面，建议你确定一个自己感兴趣的项目，设法用代码来实现它。

著 者

2024 年 1 月

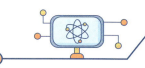

目录

第一部分 什么是人工智能 ········· 001

第 1 章 科幻照进现实 ········· 002
1.1 从《流浪地球》系列电影中的人工智能说起 ········· 003
1.2 图灵测试是唯一的标准吗 ········· 006

第 2 章 机器人是人工智能吗 ········· 009
2.1 人工智能的概念在随着时间演变 ········· 010
2.2 人工智能的四次浪潮 ········· 013
2.3 人工智能研究需要多个学科参与 ········· 015

第二部分 让人工智能读懂世界 ········· 017

第 3 章 人工智能和我们使用不一样的语言 ········· 018
3.1 逻辑电路 ········· 019
3.2 二进制与机器语言 ········· 024
3.3 实践活动：制作二进制加法器 ········· 029

第 4 章 人工智能如何"读懂"文本 ········· 032
4.1 编码 ········· 033
4.2 从 ASCII 码到 Unicode ········· 036
4.3 实践活动：密码特工 ········· 039

第 5 章 人工智能如何"看到"图像 ········· 041
5.1 像素与分辨率 ········· 042
5.2 灰度与彩色 ········· 046
5.3 实践活动：图像处理初探 ········· 050

第 6 章 人工智能如何"听见"声音 ········· 054

6.1 记录和传输声音 ·· 055
6.2 声音的数字化 ·· 057
6.3 实践活动：观察不同声音的波形与频谱 ········· 060

第 7 章 人工智能如何"观赏"视频 ················ 063
7.1 人眼看到动态画面的原理 ························· 064
7.2 视频的编码与压缩 ································· 066
7.3 实践活动：探究帧率与画面流畅度的关系 ····· 069

第三部分 人工智能帮我们解决问题 ··············· 072

第 8 章 计算机解决问题的经典路径 ··············· 073
8.1 计算思维 ·· 074
8.2 算法流程图 ··· 077
8.3 实践活动：编程入门 ······························ 080

第 9 章 用经典路径实现的"人工智能"（上）···· 084
9.1 搜索与推理 ··· 085
9.2 专家系统 ·· 087
9.3 实践活动：图书馆书籍推荐 ····················· 088

第 10 章 用经典路径实现的"人工智能"（下）··· 092
10.1 寻路问题 ··· 093
10.2 线性回归 ··· 098
10.3 实践活动：回归预测初体验 ···················· 101

第 11 章 让计算机自己学习 ························· 105
11.1 机器学习 ··· 106
11.2 分类器 ·· 109

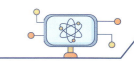

　　11.3　实践活动：训练一个分类器 ················· 112

第 12 章　像人类一样思考 ················· 117
　　12.1　从大脑中获得灵感 ················· 118
　　12.2　让计算机来提取特征 ················· 121
　　12.3　实践活动：利用卷积运算提取图像特征 ················· 125

第 13 章　人工智能发展的技术基础 ················· 127
　　13.1　数据和算法基础 ················· 128
　　13.2　算力基础 ················· 130
　　13.3　实践活动：数据处理与可视化 ················· 132

第四部分　人工智能的应用 ················· 135

第 14 章　日常生活中的人工智能应用实例 ················· 136
　　14.1　智能家居 ················· 137
　　14.2　智能安防 ················· 139
　　14.3　自动驾驶 ················· 140

第 15 章　学习场景下的人工智能应用实例 ················· 143
　　15.1　智慧课堂 ················· 144
　　15.2　个性化教学 ················· 145
　　15.3　语言学习 ················· 147

第 16 章　工作场所中的人工智能应用实例 ················· 149
　　16.1　医疗行业 ················· 150
　　16.2　制造业 ················· 152

第 17 章　娱乐休闲领域的人工智能应用实例 ················· 154
　　17.1　智能推荐 ················· 155

17.2 虚拟现实和增强现实——走进奇幻世界的 AI 魔法 157
17.3 电影工业背后的智能工厂 158

第 18 章 人工智能成为生产力工具 161
18.1 大语言模型 162
18.2 人工智能生成内容（AIGC） 164
18.3 实践活动：探究大语言模型能否通过图灵测试 166

第五部分 人工智能的未来 168

第 19 章 我们会被 AI 取代吗 169
19.1 内容的挑战 170
19.2 人工智能的安全性 171
19.3 与 AI 共存 173

第 20 章 中国的人工智能 176
20.1 北斗卫星导航系统 177
20.2 "祝融号"火星车 178

参考答案和程序代码（部分） 181

第一部分
什么是人工智能

　　什么是人工智能？这是一个没有标准答案的问题，因为人工智能这个领域正在飞速发展，答案随时都可能发生变化。在第一部分中，我们会从不同的角度探讨"人工智能是什么"这个问题，通过通俗的概念和科普例子，抽象地给出比较科学的定义，并且让大家快速了解人工智能研究的发展历程。

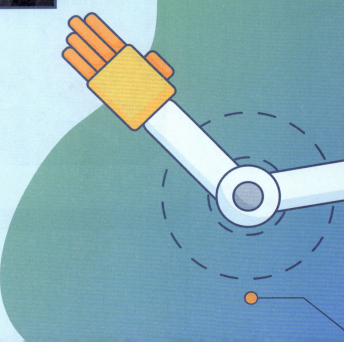

第 1 章
科幻照进现实

很少有哪个科研领域能像人工智能一样，如此频繁地从科幻作品中获得灵感；也很少有哪个科研领域能像人工智能一样，从一诞生就备受普通公众的关注。从机器人三定律、图灵测试到三体宇宙，人工智能像一面镜子，反射出人类的种种期待。在第 1 章中，你将从之前听说过的一些事物开始，看看人们心目中的人工智能是什么样子的。

第一部分
什么是人工智能

1.1 从《流浪地球》系列电影中的人工智能说起

无处不在的红色光点

"延续人类文明的最优选择是毁灭人类。"

在科幻电影《流浪地球 2》（图 1-1）中，当人工智能机器人 MOSS 说出这句台词时，相信无论是电影中的角色还是银幕前的你，都会不寒而栗。

摄像头中的红色光点代表了人工智能无处不在的监视视线。在电影中，人工智能是人类的好帮手，它能指挥月球基地的各类机器人自动建设月球发动机，也能独立主持航天员面试。而另一方面，人工智能又"自作主张"地主导了许多场灾难——空间站坠落、月球发动机故障、木星危机等，原因似乎都可以追溯到人工智能的"自我意识"和"理性判断"。

如果是你，你会怎么做呢？是继续使用人工智能，还是放弃使用它？

电影中的人类同样意识到了这个问题，他们采取的应对措施是限制人工智能的使用，当然也为此付出了一定代价。

图 1-1　电影《流浪地球 2》中的人工智能 MOSS

期待与忧虑

《流浪地球》系列电影中的人工智能形象反映了当代社会对人工智能的复杂情感与犹豫态度。

一方面,人工智能的应用带来了实实在在的好处:无论是工作还是生活,人工智能都大大提高了人们的效率,而这只不过是现阶段的应用,未来的人工智能说不定可以做到更多。

另一方面,对人工智能的质疑声不绝于耳。社交媒体每天通过人工智能给用户推荐图文视频,有人担心会造成"信息茧房",限制自己的视野;有人担心人工智能过度收集自己的隐私,危害人身安全;甚至有人担心人工智能会发展出情感与自我意识,从而反噬人类。

想象中的人工智能形象

你喜欢科幻小说和科幻电影吗?要想知道人们心中的人工智能是什么样子,看看不同时代的科幻作品,就能找到有趣的答案。

创作于 20 世纪 60 年代的科幻小说《小灵通漫游未来》中,机器人"铁蛋"可以陪人下象棋,可以端茶倒水,还能烧饭,不过做出来的菜不那么好吃。作者叶永烈在书中写道:"他只会按照多少克菜、应加多少克盐、多少克油、加热到多少度和多少时间,像进行化学实验似的。"这种想象,反映了人们对人工智能最朴素的需求:成为人类的"万能帮手"。

"万能帮手"必定具有强大的力量,不过力量太大了也不是好事,万一落在敌人之手,人工智能就会成为人类难缠的敌人。在创作于 21 世纪初的科幻小说《三体》中,外星人制造出了人工智能"智子"(图 1-2)。它只有一个质子那么大,能以光速运动,却同时拥有相当于超级计算机的计算能力,通过干扰人类的科学实验,使人类的科技发展停滞不前。

图 1-2 电视剧《三体》中智子传达的威胁

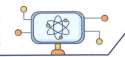

第一部分
什么是人工智能

跳出"人工智能是敌还是友"的讨论，还有些科幻作品描绘了人工智能的另外一方面。在电影《2001：太空漫游》中，控制飞船的电脑程序"哈尔9000"可以如人类一般说话、唱歌，甚至还演化出了自我意识，表达出恐惧、痛苦等与人类类似的情感。

随着时代的变化，人们对人工智能的想象也在不断改变。如今，人人都可以接触到人工智能，它不再只存在于科幻作品中，幻想和科学的边界正在逐渐变得模糊。

知识卡片：机器人三定律

机器人是人工智能的一种外在表现，在人工智能的概念被广为接受之前，关于人工智能的讨论往往是围绕机器人展开的。科幻作家阿西莫夫于1942年在作品中提出了著名的"机器人三定律"。

定律一：机器人不得伤害人类，也不得在人类面临伤害时坐视不管。

定律二：机器人必须服从人类的命令，除非命令与定律一冲突。

定律三：在不违背定律一和定律二的前提下，机器人必须保护自身。

这三条定律不仅在科幻文学界产生了重要的影响，更在之后人工智能话题的讨论中屡屡被提及。

思考题

有一种分类方法是把人工智能分成"弱人工智能"和"强人工智能"两类，其中"弱人工智能"只能按程序完成特定任务，而"强人工智能"可以像人类一样推理、思考和学习。按照这种分类方法，本节提到的MOSS、铁蛋、智子和哈尔9000分别属于哪类？

1.2 图灵测试是唯一的标准吗

图灵和图灵测试

科幻作品里的人工智能是创作者的想象，现实中到底什么才算作人工智能，还是要听听科学家怎么说。

你可能听说过"图灵测试"，它是数学家艾伦·图灵在1950年提出的。这个测试假定，如果计算机能像人一样对话，就可以算作真正的人工智能。我们把一台计算机或是一个人关在密室里，让测试者提出一个问题传递到密室中，密室给出一个书面回答。当测试者无法区分这个回答是来自计算机还是真人时，就说明计算机成功地假装成了真人，我们获得了"像人一样的人工智能"（图1-3）。

图灵测试很容易理解，人们在讨论人工智能时也经常提到它，但它真的可以作为判断是否为人工智能的唯一标准吗？有人不这么觉得。

中文房间实验

有位哲学家为了指出图灵测试的漏洞，提出了"中文房间"思想实验。

这个实验同样要用到密室，我们把一个只懂英文、不懂中文的人关在密室里，密室里再准备一本"中英文翻译对照表"。测试者同样要提出问题传递到密室中，不过提的问题都是中文的。密室里的人收到中文问题，用"中英文翻译对照表"翻译问题、写出中文答案，再返回给测试者。

图1-3
像人一样对话，还是像人一样思考？

对测试者来说，提了一个中文问题，收到一个合理的中文答案，似乎可以说明房间里是个懂中文的人；但实际上，房间里的人可能完全不懂中文，只是会查阅工具书而已。

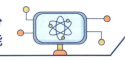

第一部分 什么是人工智能

如果我们把中文房间实验密室里的人换成计算机，把工具书换成篇幅巨大的"问题答案对照表"，那么这台计算机在问题答案对照表的帮助下，很可能也能通过图灵测试。这样的计算机，我们能说它是人工智能吗？

图灵测试的结果意味着人工智能可以像人一样对话，但并不能证明它能像人一样思考。

更多的测试

关于图灵测试的另一大争议在于，有人认为图灵测试太过强调人工智能的语言能力，而忽略了人工智能应该具备的其他能力。为此，人们设计了更多的测试。

比如说，普通人听相声，会在演员"抖包袱"的地方笑，而且大部分人笑的地方应该是相同的。那么，让人工智能听同样一段相声，它能指出应该在什么地方笑吗？换句话说，人工智能有没有理解幽默、讽刺、挖苦的能力？

再比如，无论水平如何，普通人具有艺术创作的能力，能根据提示画出一幅画。那么，人工智能有类似的创作能力吗？它能画出和普通人的画作接近的画吗？

还有一些测试专注于视觉、空间能力等方面，所有这些测试组合在一起，或许就能勾勒出人工智能真正的模样吧！

知识卡片：反向图灵测试

在正常的图灵测试中，机器负责输出结果，人类来判断该结果是否由机器生成；而在反向的图灵测试中，人类负责给出结果，机器来判断该结果是否是人类给出。

反向图灵测试有什么用呢？你可能在有些网站的登录界面见过一种验证码小图片，这些图片上是扭曲的字母和数字，你需要把图片上的字母和数字填到输入框里才能成功登录（图1-4）。这个任务对人类来说很简单，但对一些程序来说就有点难，网站通过这个方法来确认尝试登录的是真人，而不是什么恶意攻击的程序。

图1-4 反向图灵测试验证码

创造中成长
探索人工智能的奇妙世界

思考题

请你参考本节的例子,为人工智能设计一个测试。

这个测试的流程是什么?

人工智能做出什么样的结果,就说明它通过了测试?

第 2 章
机器人是人工智能吗

要讨论人工智能，机器人是绕不开的话题。通过第 2 章的学习，你会发现人们对人工智能的定义不是一成不变的。随着几次浪潮的推进和不同学科的参与，人工智能可以做到的事情在不断发生变化，有些类似我们印象中的"机器人"，有些则更加像人类。无论如何，通过"理性智能体"的概念，科学家们得以描述人工智能的工作方式。

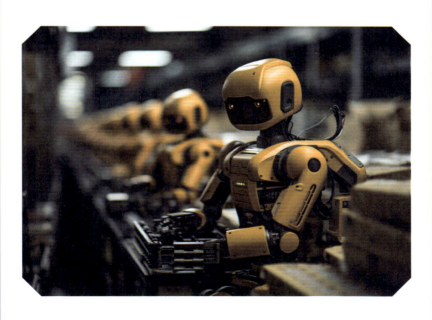

2.1 人工智能的概念在随着时间演变

行为和过程

图灵测试只关注计算机的外部行为，只要看起来回答正确就算通过测试；中文房间实验从过程的角度质疑测试的合理性，认为就算回答正确，计算机内部也可能并没有用正确的方式"思考"。

从外部行为的角度去关注人工智能的语言与动作，还是从内部过程的角度去关注人工智能的思考与推理，并没有谁对谁错的区分，只是历史上产生的一些不同的定义与评价标准而已，就像试卷上的选择题和证明题一样，各有各的用处。

这些不同的定义方式，会引导科学家们前往不同的研究方向，制造出具有不同特色的人工智能。

类人和理性

关于人工智能的定义，除了外部行为和内部过程的差别外，还有人提出了另外的关注角度：图灵测试能帮我们筛选出那些"类似人类"的人工智能，但"和人类一样"真的就是最合适的吗？

回到我们对人工智能最朴素的需求——让它成为人类的"万能帮手"。人类的万能帮手，一定是人类吗？要知道，人类并不是完美的。人类有时候出门会忘带钥匙，有时候在嘴边的话就是想不起来；要是没有计算器和草稿纸帮忙，人类连两位数乘法都算得很慢。而且，人类有时候会"犯傻"、会被情绪影响，明知道熬夜对身体不好还是要晚睡，明知道违反规则会被惩罚还是要冒险。

如果有一种人工智能，能只做正确的事情，并且没有人类的那些缺点，那该多好呀！

这就是从"理性"的角度来定义人工智能。一个理性的人工智能，应该会"正确地思考"，做"正确的事情"，比如通过时间、距离、价格、季节等因素来建议你是骑自行车上学还是坐公交车上学。当然，到底什么才是"正确"，还是得靠人类来定义！

智能体

综合历史上对人工智能的不同定义，目前科学家们普遍接受的是"理性智能体"的概念。我们已经大体知道了理性的含义，那么"智能体"又是什么呢？

权威定义说，任何通过传感器感知环境，并通过执行器作用于该环境的事物都可以被视为智能体。这个定义看起来很抽象，举个例子你就明白了——其实正在阅读这本书的你，就是一个人类智能体（图2-1）！

你的眼睛是图像传感器，能够感知书上的文字；你的大脑理解文字的含义，一段一段阅读下去；你的手是执行器，当阅读到一页末尾的时候翻动书页……

路边的蚂蚁也是智能体，它的触角是化学传感器，探查到同伴在环境中留下的信息素，从而知道食物的方向；它的6个足是执行器，带它向食物爬行。

扫地机器人当然也是智能体，它有各种不同类型的传感器，可以用激光、红外等方式探测周围环境；它的轮子、边刷是执行器，帮助它按照规划的路线走遍房间各个角落，吸走灰尘、改变环境。

图 2-1　正在读书的人是人类智能体

知识卡片：智能体的结构

我们可以用图示来表示智能体的结构。图2-2是一种简单反射型智能体结构图，传感器从外部获得信息，从而了解外部的世界是什么样子——对于一只觅食的蚂蚁来说，就是通过触角获得信息，知道信息素在左边、中间还是右边；之后，智能体根据一套规则来确定应该采取什么动作——对蚂蚁来说，这套规则可能是"如果信息素在左边就往左边爬，如果信息素在右边就往右边爬，如果信息素在中间就往正前方爬"；最后，执行器执行这个动作。

从智能体的结构可以看出，在很大程度上是这套"条件-动作规则"决定了智能体到底能不能做出正确的事情、够不够理性。当然，这里展示的只是最简单的智能体结构，在实际应用中，让智能体决定该采取什么动作的，除了传感器传入的信息外，可能还有智能体自身"记住"的信息，以及智能体想要达到的目标。设计出一个好的规则（或者说程序），利用这些信息做出正确的事情，就是科学家们研究人工智能的目标。

知识卡片：智能体的结构

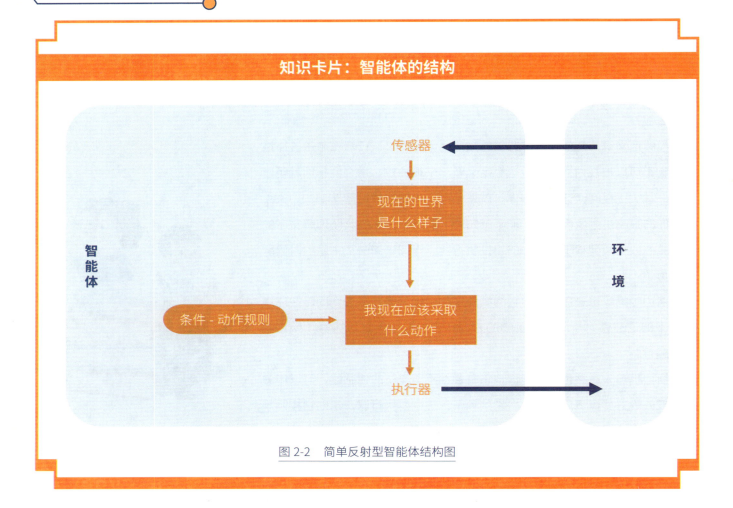

图 2-2　简单反射型智能体结构图

思考题

请模仿图 2-2 的形式，画出扫地机器人智能体的结构。

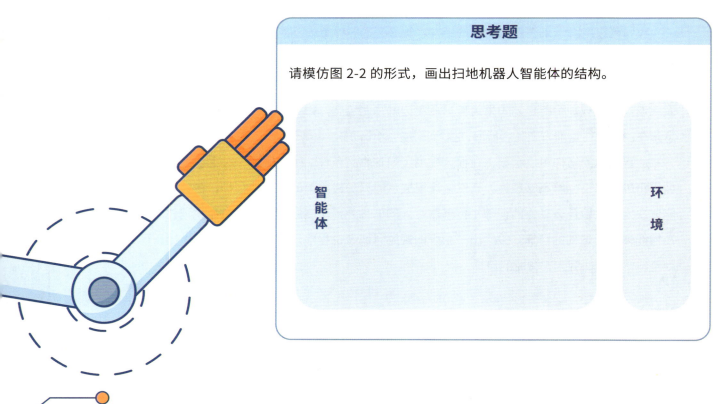

2.2 人工智能的四次浪潮

人工智能的诞生

有许多早期研究可以被归为人工智能领域。在理论方面,最有影响力的是艾伦·图灵在 1950 年发表的论文《计算机器与智能》。文中除了提出著名的图灵测试外,还介绍了机器学习、遗传算法和强化学习等方法。在实践方面,同样是在 1950 年,马文·明斯基和迪安·埃德蒙兹建造了第一台神经网络计算机 SNARC,成功模拟了由 40 个神经元组成的网络。

1956 年夏天,约翰·麦卡锡、马文·明斯基、克劳德·香农和纳撒尼尔·罗切斯特等人在达特茅斯组织了一场研讨会。研讨会提出:"理论上可以精确描述学习的每个方面或智能的任何特征,从而可以制造机器来对其进行模拟。"

人工智能的概念就此诞生了。

第一次浪潮

人工智能的概念一经宣布,就点燃了世界各地公众的热情,各国纷纷向人工智能领域投入资金。

在这一时期,科学家们对人工智能的各个方面都做了一些探索性的工作,例如用强化学习的方法让人工智能学会下棋、让人工智能通过简单的对话规则与人聊天、让人工智能在虚拟的桌面上排列积木等。

可惜在完成这些初期的探索性工作之后,当人们尝试让人工智能解决更加困难的问题时,却失败了。人工智能的研究并没有像人们想象的那样快速发展,其在 20 世纪 70 年代中期进入第一个低谷期。

第二次浪潮

从 1980 年开始,人工智能的一种应用异军突起,引领了人工智能的第二次浪潮,这就是专家系统。

专家系统并不是一种通用的人工智能,它只适用于一些特定的领域,比如医学。专家系统汇集了专业领域的大量知识,并且通过人工编写的大量规则来回答专业问题,就好像医院里的专家问诊一样。

不过经过了一段时间,人们发现维护复杂的专家系统是很困难的——成本过高,因此人工智能的发展再度进入低谷期。图 2-3 为纪录片《阿尔法围棋》中展示的人工智能 AlphaGo 与人类顶尖围棋棋手对决的场景。

图 2-3　纪录片《阿尔法围棋》中展示的人工智能 AlphaGo 与人类顶尖围棋棋手对决的场景

第三次浪潮

进入 21 世纪，计算机芯片的计算能力高速增长。伴随着算力增长，计算机逐渐有能力处理之前从未涉及的海量数据，包括数万亿字的文本、数十亿的图像、数十亿小时的语音和视频等。

在大数据和算力增长的支持下，通过深度学习实现人工智能的方法得到了进一步发展。从 2016 年开始，谷歌通过深度学习训练的人工智能 AlphaGo 多次战胜了人类顶尖的围棋棋手，人工智能再一次受到世界各地公众的关注。图 2-3 为纪录片《阿尔法围棋》中展示的人工智能 AlphaGo 与人类顶尖围棋棋手对决的场景。

2022 年底，ChatGPT 横空出世，以它为代表的各种生成式大语言模型第一次让普通公众意识到，人工智能也可以不那么机械死板，而且可以作为生产工具帮助到每一个人，将人们从重复性的脑力劳动中解放出来。

这会是人工智能的第四次浪潮吗？让我们一起紧跟时代的步伐，拭目以待吧！

2.3 人工智能研究需要多个学科参与

计算机科学

要想成为一名人工智能科学家，你需要学习什么专业呢？最容易想到的就是计算机科学，毕竟要是没有计算机，人工智能就不会诞生，至少不会发展成现在的样子。

计算机在硬件方面的发展带来了运算能力和存储容量的提升，提升了人工智能研究的效率，让科学家们有能力实现一些之前只存在于理论中的算法。

在软件方面，操作系统、编程语言和工具的发展让人工智能研究拥有了现成的平台与环境，而人工智能的一些研究成果也能回馈计算机软件领域。

数学

人工智能和数学也有千丝万缕的关系。

我们在数学课上做过几何证明题，也学过定义、命题、定理、推论的意义，证明几何问题的过程其实就是逻辑推理的过程。对计算机来说，逻辑推理可能是最容易"学会"的人类思维方式了！我们在2.1节提到用"理性智能体"来定义人工智能，这里的"理性"，有时候就要靠逻辑推理来实现。

我们在数学课上还学过统计与概率的知识。有时候，世界并不是非黑即白的，就拿考前复习来说吧，你肯定知道"只要我好好复习，就能考到全班前10名"是不符合实际的，"如果我好好复习，我有70%的概率能考到全班前10名"才是现实的。对人工智能来说也是一样，很多时候它需要做出选择，但选择之后到底会发生什么，没有准确的答案，这时它就需要做一些概率的计算，来帮助它做出选择（图2-4）。

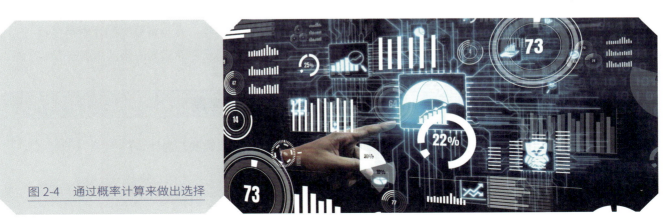

图2-4　通过概率计算来做出选择

生物学

计算机科学和数学这两个学科与人工智能有联系，这还比较好理解，可生物学在人工智能研究中有什么用呢？人工智能不是和代码、电路这种非生物体打交道吗？

我们在 2.1 节中提到过，有些人工智能的研究方向比较关注推理和思考的过程，而"像人一样思考"也是目标之一。要想让人工智能"像人一样思考"，就得先知道我们自己是怎么思考的。现代生物学已经对大脑的宏观和微观结构有了详尽的了解：我们知道大脑左右半球各有哪些区域，在做哪些事情的时候哪些区域会格外活跃；也知道了大脑主要由一个个微小的神经元组成，神经元的突触之间互相连接成网络，传递电信号；但我们仍然不知道在更高的层面上，认知是如何产生的。"人类如何思考"仍旧是科学界的未解之谜，有待生物学，特别是神经生物学的进一步发展。

更多的学科

除了前面说的这些在中学阶段会接触到的学科外，还有一些学科也为人工智能研究做出了贡献。

经济学不只和钱有关，也包含决策论和博弈论的理论，为理性制定了框架，在某些情况下帮助人们和人工智能确定"什么才是理性的"。

心理学和神经生物学类似，帮助人们理解思考的本质，从而更好地制造出"像人一样思考"的人工智能。不过和神经生物学不同，心理学在更多时候研究的是人们的行为。

语言学并不是学习英语、法语这些外语，而是研究语言的本质，比如语言的结构、人类如何学习语言等。人工智能要想和人类交流，也得学会听懂和说出人类的语言，这就是人工智能研究中的"自然语言处理"领域，这个领域的发展得到了语言学的不少帮助。

最后还有哲学。从古至今的哲学家们在思维的本质、逻辑推理、理性等方面发表了大量论述，他们的观点给了人工智能研究许多启发。

要想成为一名人工智能科学家，现在你知道应该选择哪些专业了吗？

> **思考题**
>
> 你觉得哪个学科对人工智能研究最重要？为什么？

第二部分
让人工智能读懂世界

在第一部分中,我们知道可以把人工智能看作一个智能体,而智能体要通过传感器感知环境,获取外界的信息。来自外界的信息有许多形式,无论是语言文字,还是图像、声音、视频,都需要人工智能想办法去"读懂"它们。在接下来的几章,我们会逐步讨论这个"读懂"的过程,了解外界信息如何被"翻译"为人工智能的"语言",从而让人工智能有能力去加工它们。

第 3 章
人工智能和我们使用不一样的语言

现在让我们脚踏实地，考虑一下人工智能的"语言"是什么样的吧！作为智能体，人工智能理论上可以理解和说出人类的语言，但当它不需要和人类交流时，比如在"内部思考"，也就是综合各种信息做出决策的时候，用的是什么语言呢？在第 3 章中，我们将深入计算机底层，寻找这个问题的答案。

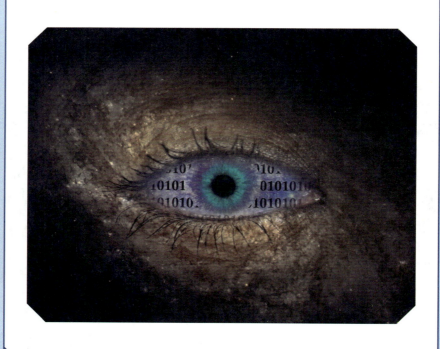

3.1 逻辑电路

计算机的"大脑"

既然目前的人工智能都是借助计算机来实现的,那么人工智能使用的语言,归根结底就是计算机的语言。

计算机用的是什么语言呢?我们不妨拆开一台计算机,看看它的"大脑"是由什么组成的,就能知道它在最底层用的是什么语言。

如果你对计算机的结构有一点点了解,就一定知道在计算机内部主要负责"思考"的是一个叫作"CPU"(中央处理器,central processing unit)的小盒子。CPU 是在一块小小的硅片上雕刻出来的超大规模集成电路,上面包含数以亿计的微型晶体管,要用显微镜才能看得清。更古老的计算机使用的可能不是集成电路上的微型晶体管,而是很多个普通的晶体管,甚至是很多个真空管、继电器……

晶体管、真空管、继电器……这些名字听起来很陌生,不过它们的本质都是一个开关。与我们在实验课上用的开关不同的是,这个开关不是用人的手指来控制,而是用电流来控制。

我们可以像图 3-1 这样来表示这种特殊的可以用电流控制的开关。图中橙色的部分是工作电路,直接为小灯泡提供电流:圆圈里的"特殊开关"闭合时,工作电路有电流,小灯泡发光;圆圈里的"特殊开关"断开时,工作电路没有电流,小灯泡不发光。蓝色的部分是控制电路,它不与工作电路连通,但可以通过某种物理学原理来控制工作电路上的开关是闭合还是断开:控制电路有电流,开关处于闭合状态,工作电路就有电流;控制电路没有电流,开关处于断开状态,工作电路就没有电流。

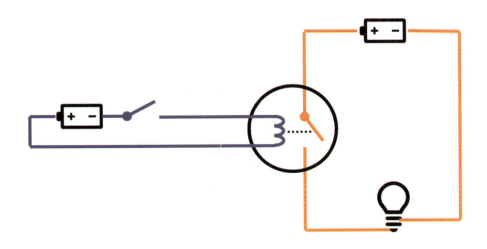

图 3-1 用电流控制的开关

我们还可以把电路简化一下，省略电源和小灯泡，用输入和输出来表示，控制电路是输入，工作电路是输出，像图 3-2 这样。那么，当输入端（控制电路）有电流时，输出端（工作电路）也有电流。输入与输出的对应关系见表 3-1，有了这个表，即使我们不画出电路图的细节，也能快速地知道这个"特殊开关"在电路中的功能。

图 3-2　用电流控制的开关（简化后）

表 3-1　"特殊开关"输入与输出的对应关系

输入	开关状态	输出
有电流	闭合	有电流
无电流	断开	无电流

逻辑门

图 3-2 的工作电路中只有一个"特殊开关"，那么如果电路中有两个"特殊开关"，会怎么样呢？

图 3-3 是一种容易想到的连接方法：如果开关 1 闭合、开关 2 断开，那么电流无法流过，无法输出电流；与之类似，如果开关 1 断开、开关 2 闭合，也无法输出电流；只有在开关 1、开关 2 都闭合的时候，才能输出电流。输入与输出的对应关系见表 3-2。

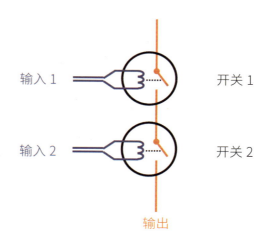

图 3-3　与门

表 3-2 与门输入与输出的对应关系

输入		开关状态		输出
输入 1	输入 2	开关 1	开关 2	
无电流	无电流	断开	断开	无电流
有电流	无电流	闭合	断开	无电流
无电流	有电流	断开	闭合	无电流
有电流	有电流	闭合	闭合	有电流

图 3-4 是另一种连接方法：

如果开关 1 闭合、开关 2 断开，那么电流能从开关 1 流过，可以输出电流；与之类似，如果开关 1 断开、开关 2 闭合，也可以输出电流；只有在开关 1、开关 2 都断开的时候，才完全不能输出电流。

输入与输出的对应关系见表 3-3。

在计算机科学中，我们给这两种连接方式起了专门的名字：

图 3-3 是 "**与门**"，只有输入 1 **与** 输入 2 都有电流时，输出才有电流；

图 3-4 是 "**或门**"，只要输入 1 **或** 输入 2 中的任意一个有电流，输出就有电流。

与门 和 **或门** 是最基础的两种逻辑门，它们能允许或阻止电流通过，就像现实生活中的门可以允许或阻止人类通过一样。

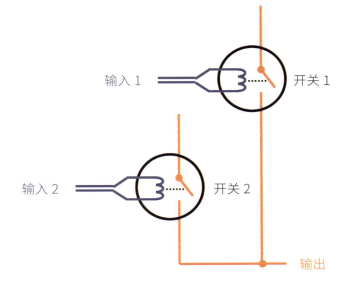

图 3-4 或门

表 3-3 或门输入与输出的对应关系

输入		开关状态		输出
输入 1	输入 2	开关 1	开关 2	
无电流	无电流	断开	断开	无电流
有电流	无电流	闭合	断开	有电流
无电流	有电流	断开	闭合	有电流
有电流	有电流	闭合	闭合	有电流

逻辑电路

我们已经给图 3-3 和图 3-4 分别起了名字，并且分析了它们输入与输出的对应关系，那么如果我们只关心输入与输出、不关心电路的具体连接方式的话，其实可以把两个开关和相关的电路都装进一个盒子里，只把两条输入电线和一条输出电线拉出来用于连接电源和小灯泡。为了区分与门和或门，可以使用不同形状的盒子。这样，我们就得到了图 3-5，它的输入与输出的对应关系可以简化为表 3-4 和表 3-5。

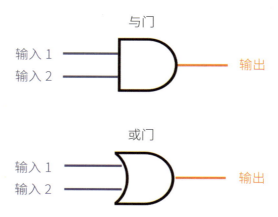

图 3-5　与门和或门（简化后）

表 3-4　与门输入与输出的对应关系（简化后）

输入		输出
输入 1	输入 2	
无电流	无电流	无电流
有电流	无电流	无电流
无电流	有电流	无电流
有电流	有电流	有电流

表 3-5　或门输入与输出的对应关系（简化后）

输入		输出
输入 1	输入 2	
无电流	无电流	无电流
有电流	无电流	有电流
无电流	有电流	有电流
有电流	有电流	有电流

逻辑门和逻辑门之间可以互相连接，一个门的输出可以是另一个门的输入，就像图3-6这样。在图3-6中，如果输入1、输入2、输入3分别为"无电流、有电流、无电流"，则输出是"无电流"，你能明白其中的道理吗？

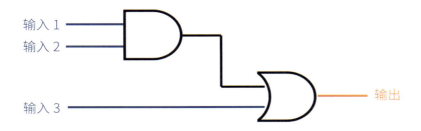

图 3-6　一个逻辑电路

晶体管是一种"特殊开关"，它们组成了逻辑门；各种不同的逻辑门之间互相连接，组成了逻辑电路；逻辑电路的规模不断扩大，结构不断趋于复杂，成为集成电路，这就是计算机"大脑"的本质。

思考题

根据表格中的输入信息，请给出下面逻辑电路的输出结果。

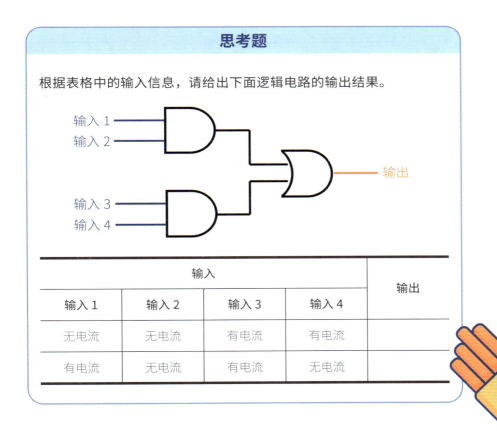

输入				输出
输入1	输入2	输入3	输入4	
无电流	无电流	有电流	有电流	
有电流	无电流	有电流	无电流	

3.2 二进制与机器语言

0和1的世界

在上一节中,我们用表 3-4 和表 3-5 来表示逻辑门输入与输出的对应关系,不过表格里写的"有电流"和"无电流"太啰唆了,有没有办法让它简单一点呢?不妨简化成数字,用"1"来代表有电流,用"0"来代表无电流,这样我们就得到了表 3-6 和表 3-7。

表 3-6　与门输入与输出的对应关系(用数字表示)

输入		输出
输入 1	输入 2	
0	0	0
1	0	0
0	1	0
1	1	1

表 3-7　或门输入与输出的对应关系(用数字表示)

输入		输出
输入 1	输入 2	
0	0	0
1	0	1
0	1	1
1	1	1

用这种数字表示法,我们可以重新描述与门的工作方式:向与门输入 1 和 0 或者 0 和 1,与门输出 0;向与门输入 1 和 1,与门输出 1;向与门输入 0 和 0,与门输出 0。

这种"输入两个数字,输出一个数字"的方式,是不是有点像数学运算?如果与门是一种数学运算,它应该是加、减、乘、除中的哪一种呢?你肯定看出来了,是乘法。从表 3-8 中,可以看出与门输入、输出和乘法算式的对应关系。

表 3-8　与门输入、输出和乘法算式的对应关系

输入		输出	乘法算式
输入 1	输入 2		
0	0	0	$0 \times 0 = 0$
1	0	0	$1 \times 0 = 0$
0	1	0	$0 \times 1 = 0$
1	1	1	$1 \times 1 = 1$

其他的数学运算也可以用逻辑电路来表示，不过要涉及更多的逻辑门和稍微复杂一些的电路，在这里就不展开介绍了。总而言之，我们从晶体管这种"特殊开关"出发，已经找到了一种表示数学运算的方法，虽然只能用 0 和 1 两个数字表示，但毕竟是个不错的开始。

现在我们大体知道计算机使用的语言是什么样子的了。计算机的语言当然不像中文那样有几万个汉字，也不像英文那样有 26 个字母，甚至不会像数学那样有 10 个数字——计算机的语言只有 0 和 1。我们给这种由 0 和 1 组成的语言起了个名字，叫作"机器语言"，人工智能"思考"的底层本质，就是 0 和 1 的运算。

二进制与十进制的转换

虽然只能用 0 和 1 两个数字表示，但是只要不怕麻烦，利用这两个数字也能做很多事情，在算术方面就是如此。

在一般的算术中，我们会用到 0 到 9 一共 10 个数字。之所以有 10 个数字，可能是因为我们左右手加起来一共有 10 根手指头，这样数起来比较方便。超过 10 的数字，我们 10 根手指头数不过来，于是就有了"逢十进一"的说法，增加了"位数"的概念。我们在小学数学中学习过，这种"逢十进一"的方式叫作十进制。

有些卡通角色每只手只有 4 根手指头，两只手加起来一共 8 根，按照这个道理，它们发明的算术不一定是"逢十进一"，可能是"逢八进一"的八进制。

还有的卡通角色只有两只"圆手"，没有手指头，它们的算术会不会是"逢二进一"的二进制呢？这值得仔细研究一下，因为计算机和这个卡通角色一样，也只有两个数字可用。图 3-7 为进制和手指数量的关系。

逢十进一	逢八进一	逢二进一
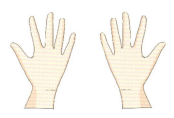		

图 3-7　进制和手指数量的关系

我们先来看看二进制数和十进制数之间的转换规则。

方便起见，下文用 $(x)_2$ 来表示二进制数，用 $(x)_{10}$ 来表示十进制数。

要想把二进制数转换成十进制数，要用"按权相加法"：

用二进制数每一位的数字乘以位对应的权重（右数第 n 位的权重是 2^{n-1}），然后再全部相加。比如一个四位的二进制数 $(abcd)_2$，它转换成十进制数的计算公式是

$$a \times 2^3 + b \times 2^2 + c \times 2^1 + d \times 2^0$$

对二进制数 $(1011)_2$ 来说，它转换成十进制数的计算过程是

$$1 \times 2^3 + 0 \times 2^2 + 1 \times 2^1 + 1 \times 2^0$$
$$= 1 \times 8 + 0 \times 4 + 1 \times 2 + 1 \times 1$$
$$= 8 + 0 + 2 + 1$$
$$= (11)_{10}$$

要想把十进制数转换成二进制数，要用"除 2 取余，逆排序法"。比如我们要把十进制数 $(11)_{10}$ 转换成二进制数，就要把 11 除以 2，得到商 5 和余数 1，记下余数 1；把商 5 再除以 2，得到商 2 和余数 1，再记下余数 1；把商 2 除以 2，得到商 1 和余数 0……这样不断重复，直到商等于 0 为止。然后我们把记下的所有余数逆序排列，也就是后取得的余数在左边，先取得的余数在右边，得到的就是十进制数 $(11)_{10}$ 对应的二进制数 $(1011)_2$，整个计算过程可以用下面的竖式来辅助。

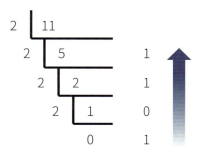

二进制加法

二进制加法规则很简单，用几行表格就可以表示出来，见表 3-9。

表 3-9　二进制加法表

加数	加数	和
0	0	0
1	0	1
0	1	1
1	1	10

如果是两个多位二进制数相加，可以像我们做十进制多位数加法一样列竖式，只不过进位规则从"逢十进一"变成了"逢二进一"。

$$\begin{array}{r} 1\ 1\ 0\ 1 \\ +\ \ \ \ 1\ 0\ 1 \\ \hline 1\ 0\ 0\ 1\ 0 \end{array}$$

用十进制数数，我们是这样数的：1，2，3，4，5，6，7，8，9……后面的数字是前面的数字加 1。

用二进制数数，我们可以先数个 1，下一个数应该是 1+1，但是二进制里没有 2 这个数字，要用"逢二进一"这个规则来进位，进位之后的数字是 10（注意这是二进制的 10，你可以把它读作"一零"）。接下来继续加 1，得到 11；再往下加 1，又要进位，而且是连续进位，得到 100……十进制和二进制数字对照表见表 3-10。

表 3-10　十进制和二进制数字对照表

十进制数	二进制数
0	0
1	1
2	10
3	11
4	100
5	101
6	110
7	111
8	1000
9	1001

思考题

1. 在下表的空格中，填写对应的十进制数或二进制数。

十进制数	二进制数
23	
	10101
15	
	1100
20	

2. 计算下面的二进制加法。

a. 1010 + 1101 = _____ b. 1100 + 1010 = _____

c. 1000 + 110 = _____ d. 1101 + 101 = _____

e. 1010 + 1110 = _____

3.3 实践活动：制作二进制加法器

活动背景

如果想要计算二进制的加法，对我们人类来说，需要在草稿纸上列一个竖式计算；对计算机来说，则需要用各种逻辑门连接成一个专门用来计算加法的逻辑电路，这就是加法器。加法器有两组输入，用来输入加数；还有一组输出，用来输出和。输入和输出都可以是很多位的，比如我们要计算 8 位二进制数加法，那么输入就可以有两组 8 位信号，每一位用有电流和无电流来代表 1 或 0，而加法器的输出也是用有电流和无电流来代表 1 或 0。在真正的计算机中，加法器是一个非常基础的结构。8 位二进制加法器的结构如图 3-8 所示。

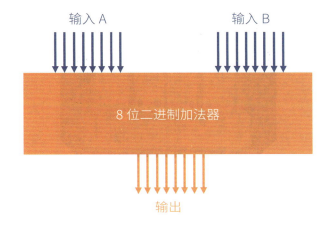

图 3-8　8 位二进制加法器的结构

制作逻辑电路形式的加法器，对我们来说可能有点难。不过我们可以制作一个机械形式的加法器，用它来更好地理解二进制加法的运算规则。

活动步骤

1. 取出机械二进制加法器套装配件，按图 3-9 所示步骤组装。

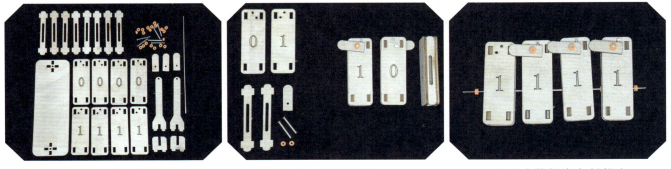

(a) 取出所有配件　　　　　(b) 组装数板　　　　　(c) 4 个数板穿在长杆上

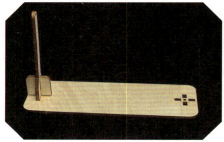 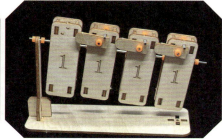 

(d) 组装底座和一侧立柱　　　　(e) 长杆穿入立柱上的孔　　　　(f) 安装另一侧立柱

图 3-9　机械二进制加法器组装步骤

2. 将加法器的 4 位数字均置于 0 的状态，然后按图 3-10 所示方向将最右侧的数板缓慢翻动 180°，观察发生的现象，在表格中记录此时加法器显示的数字。继续翻动最右侧的数板，每次翻动 180°，记录数字，直至加法器 4 位数字均为 1。

将实验数据记录在表 3-11 中。

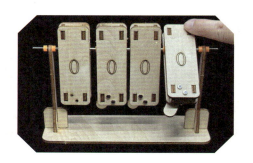

图 3-10　数板翻动方式

表 3-11　二进制加法器实验数据记录表

翻动次数	显示数字
0	0000
1	
2	
3	
4	
5	
6	
7	
8	
9	

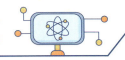

表 3-11 （续）

翻动次数	显示数字
10	
11	
12	
13	
14	
15	

3. 计算 3 位二进制数加法：101+110=？

a. 用纸笔列竖式的方法计算上面的算式，结果是 _____ 。

b. 将加法器的 4 位数字设置为第一个加数：0101。

c. 加上第二个加数：从右往左加，第二个加数 0110 的最右一位是 0，不用加；0110 右数第二位是 1，将加法器右数第二个数板翻动 180°，观察现象；0110 右数第三位是 1，将加法器右数第三个数板翻动 180°，观察现象；0110 右数第四位是 0，不用加。

d. 加法器的运算结果是 _____ ，这与我们用纸笔计算的结果
□ 一样　　□ 不一样。

e. 用下面的算式继续做实验：

111+100=？

11+101=？

1101+110=？

实验讨论

1. 在步骤 2 中，每次将最右侧的数板翻动 180°，相当于每次对加法器当前显示的数字做怎样的运算？
2. 当加法器显示数字为 1111 时，将最右侧的数板翻动 180°，会发生什么现象？这时加法器的运算结果是正确的吗？为什么？
3. 用纸笔列竖式的方法计算二进制加法，是怎样标记进位的？用机械加法器计算二进制加法，是怎样实现进位的？
4. 你的加法器的运算结果和纸笔的计算结果一致吗？如果不一致，原因是什么？

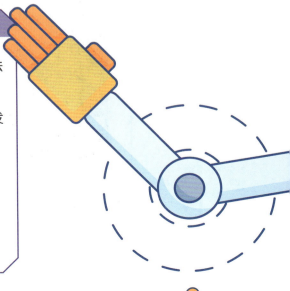

第 4 章
人工智能如何"读懂"文本

在计算机最底层,人工智能使用 0 和 1 组成的机器语言和计算机硬件互动,从而以运算的方式完成思考。我们已经初步了解了这种运算的数学原理,那么在数学运算之外,人工智能又是怎样表示人类的语言文字的呢?从 0 和 1 两个数字到几万个汉字,这巨大的鸿沟要如何跨越?

4.1 编　码

莫尔斯电码

用两个数字，或者说两个不同事物来表达更复杂的文字，不是计算机或人工智能的专利。实际上，在计算机诞生之前人们就有类似的做法。

生活在现在这个时代，你我可能对"电报"已经没什么概念了，不过如果你去看一些抗战剧，应该会注意到这样的场景：一台机器不断发出长短不一的嘀嗒声，而战地通讯员守在机器旁边，边听边记录着什么。

这台机器就是电报机。电报利用短音（嘀）和长音（嗒）的组合来表示信息，不同的长短组合代表不同的英文字母。而究竟什么样的组合代表什么样的字母，要遵循电报的发明者莫尔斯等人制定的规则。

莫尔斯电码不一定要用声音来表示，你可以换成其他传播方式，只要能体现出长短组合就可以。如果你被困在孤岛上，可以用灯光向来往船只发送求救信号 SOS，按照表 4-1 的规则，应该是 3 短 -3 长 -3 短。

表 4-1　莫尔斯电码表

A	·—	H	····	O	— — —	V	···—
B	—···	I	··	P	·— —·	W	·— —
C	—·—·	J	·— — —	Q	— —·—	X	—··—
D	—··	K	—·—	R	·—·	Y	—·— —
E	·	L	·—··	S	···	Z	— —··
F	··—·	M	— —	T	—		
G	— —·	N	—·	U	··—		

编码和译码

假设你是一名电报员，现在你打算发送一句"HELLO"，要怎么操作呢？你手上有表 4-1 这张电码表，它是按照字母顺序排列的，你不用看就知道"E"在表的前几行、"O"在表的中部。所以你应该能很快查到，要发送"4 短 -1 短 -1 短 1 长 2 短 -1 短 1 长 2 短 -3 长"这样的组合。你做的事情是对文字进行了编码——将文字转化成了更适合机器传播的信号。

而在另一端的电报接收员就没有你这么轻松了：

第一个字母是"4短"，它到底对应哪个字母呢？电报员可能得对着表4-1一行一行检查，毕竟这张表是按字母顺序排列的，而在电码排列上就没什么规律了。有个办法可以让电报接收员轻松一些，那就是按照电码长短信号的规律，重新制作一张方便接收者查询的表。这样的表有很多形式，比如可以做成图4-1树图的样子。电报接收员做的事情是译码——将机器传播的信号转化成适合人类阅读的形式。

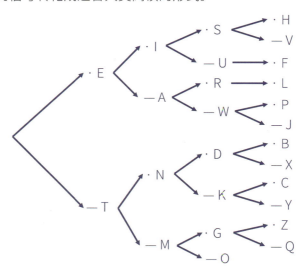

图4-1 莫尔斯电码译码表

比特

莫尔斯电码看似平平无奇，但和别的编码方式比较起来，优势就很明显了。比如有人说，我用一声"嘀"来代表字母表里排第一的A，用两声"嘀"来代表字母表里排第二的B，用三声"嘀"来代表字母表里排第三的C……以此类推，大家就不用再背电码表了，岂不是很方便？可你别忘了，英文字母有26个，当你需要表示Z的时候，要按26声"嘀"。有这26声"嘀"的时间，我们已经可以用莫尔斯电码发送好几个单词了。

从表4-1可以看出，在莫尔斯电码中，表示单个字母的长短组合是有上限的，最多四个"嘀"或"嗒"就可以组成一个字母。也有的字母用一个"嘀"或"嗒"就能表示，比如E和T；还有的字母能用两三个"嘀"或"嗒"来表示。按照包含"嘀"或"嗒"的数量，我们把表4-1重新排列为表4-2。

每一个"嘀"或"嗒"都是电码的一位，包含一个比特（bit）的信息。比特是一个信息量单位，1比特是世界上可能存在的最小的信息量——硬币落地，是正面朝上还是反面朝上，是1比特的信息；电路里有电流还是无电流，是1比特的信息；只响了一声的电报，到底是代表E的"嘀"还是代表T的"嗒"，也是1比特的信息。

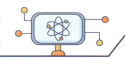

第二部分 让人工智能读懂世界

表 4-2 莫尔斯电码表（按位数排列）

1 位		2 位		3 位		4 位	
E	·	I	··	S	···	H	····
T	—	A	·—	U	··—	V	···—
		N	—·	R	·—·	F	··—·
		M	——	W	·——	L	·—··
				D	—··	P	·——·
				K	—·—	J	·———
				G	——·	B	—···
				O	———	X	—··—
						C	—·—·
						Y	—·——
						Z	——··
						Q	——·—

所以我们可以重新这样表达：在莫尔斯电码中，最多用 4 比特、最少用 1 比特的信息就能表示一个字母。从表 4-2 可以看出，1 比特只能表示 E 和 T 两种字符中的一种；2 比特有四种组合，能表示 I、A、N、M 四种字符中的一种；3 比特有八种组合，能表示 S、U、R、W、D、K、G、O 共八种字符中的一种……根据数学计算，n 个比特能产生的组合数量是 2^n。

把 1 比特到 4 比特不同长度的莫尔斯电码算在一起，总的组合数量是

$$2^1+2^2+2^3+2^4=2+4+8+16=30$$

这也就意味着，1 位到 4 位的莫尔斯电码总共能表达 30 种不同的字符，而英文字母只有 26 个，用起来绰绰有余。不过，要想把 0 到 9 的数字也加进去，30 种组合就不够用了。实际上，在国际莫尔斯电码中，数字是用 5 位电码来表示的，增加了 1 比特的信息。

思考题

用二进制表示 0 到 15 的十进制数，至少需要多少比特？

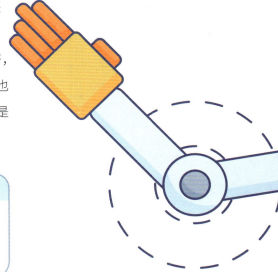

035

4.2 从 ASCII 码到 Unicode

ASCII 码（美国信息交换标准码）

在发送和接收电报时，我们按照莫尔斯电码的规则分别完成了编码和译码的过程：将文字转换成长 - 短组合的信号，用机器传输，然后再把长 - 短组合的信号转换回文字。

在用计算机处理文字时，也需要这样的编码和译码过程，只不过很多时候，编码和译码会由计算机自动完成，不再需要电报员手动查表了。计算机会将文字转换成由 0 和 1 组成的二进制编码，经过逻辑电路的运算得到结果，再把二进制编码的结果转换回文字。

莫尔斯电码已经能用类似二进制的长 - 短组合来表示英文字母，计算机能不能沿用莫尔斯电码这套规则呢？这其实不太方便，因为莫尔斯电码每个字母的编码长度不一致，有的是 1 位，有的是 4 位，对计算机来说，根据长度来将字母与字母分开很复杂，难以高效实现。

在计算机领域广泛使用的是美国信息交换标准码，简称 ASCII 码，它用 7 位二进制编码（也就是 7 比特的信息）来表示英文大小写字母、空格、标点符号等字符，见表 4-3。

表 4-3　ASCII 码编码表（节选）

二进制编码	ASCII 字符	二进制编码	ASCII 字符
1000000	@	1010000	P
1000001	A	1010001	Q
1000010	B	1010010	R
1000011	C	1010011	S
1000100	D	1010100	T
1000101	E	1010101	U
1000110	F	1010110	V
1000111	G	1010111	W
1001000	H	1011000	X
1001001	I	1011001	Y
1001010	J	1011010	Z
1001011	K	1011011	[

表 4-3 （续）

二进制编码	ASCII 字符	二进制编码	ASCII 字符
1001100	L	1011100	\
1001101	M	1011101	]
1001110	N	1011110	^
1001111	O	1011111	_

GB/T 2312-1980 和 Unicode（统一码）

ASCII 码有 7 比特，那么它能产生的不同 0、1 组合就是 2^7=128 种，最多能表示 128 种字符。128 种字符，虽然用在英文字母和符号上是足够了，但离汉字等非英文字符的数量还差得远，毕竟光是常用汉字就有几千个，要是算上不常用的，得有几万个。

中国人的解决方法是发明一种专用于汉字的编码规则——GB/T 2312－1980，它采用的是 16 位编码，也就是说一个字符有 16 比特，要用 16 位 0 或 1 来表示，能产生的组合是 2^{16}=65 536 种，表示汉字是足够了。

可是新的问题又来了：不只是中国，其他的非英语国家也制定了自己的编码规则，大家的规则不一样，这就导致国际交流变得很麻烦。于是几大计算机公司共同提出了统一化字符编码标准（统一码，Unicode），它涵盖了世界上大部分的文字，编码长度是可变的，一个字符最多可以用 32 比特，这样能表示的字符数量就更多了。

字节

ASCII 码是 7 位编码，不过通常存储在 8 比特的空间里。

GB/T 2312－1980 是 16 位编码，存储它要用到 2 个 8 比特的空间。

Unicode 的一个字符最多可以使用 32 比特，也就是 4 个 8 比特的空间。不难发现，当我们说到计算机存储时，常常是以 8 比特为一个单位（图 4-2），这个单位就是字节（byte）。

为什么偏偏是 8 比特一个字节，而不是 7 比特或 9 比特呢？

这里有一些历史和硬件上的原因，也有一些数学上的原因，就不展开叙述了，只需要注意，不要混淆字节（byte）和比特（bit）的概念。

图 4-2　8 个比特是一个字节

知识卡片：计算机存储单位

随着硬件的发展，计算机能存储的数据越来越多，字节这个单位就显得不够用了。要想方便描述，需要使用比字节更大的存储单位。比如"千字节"这个单位，1千字节大约包含1 000字节。为什么是"大约"呢？因为实际上，1千字节等于1 024字节（2^{10}字节），选用这种换算方式，是为了更好地配合计算机使用的二进制计数系统。常用的计算机存储单位及换算方式见表4-4。

表4-4 常用的计算机存储单位及换算方式

存储单位		换算方式
缩写	中文	
B	字节	1字节＝8比特
KB	千字节	1千字节＝1 024字节
MB	兆字节	1兆字节＝1 024千字节
GB	吉字节	1吉字节＝1 024兆字节
TB	太字节	1太字节＝1 024吉字节

* 表格中的缩写是Windows系统中常用的缩写方式，在其他场合可能有不同的用法，例如用KiB表示1 024字节、用KB表示1 000字节等。

思考题

根据本节学习的知识，尝试解释为什么有时候计算机会显示乱码。

4.3 实践活动：密码特工

活动背景

通过前面的学习，我们已经掌握了编码和译码的概念。计算机使用的是二进制编码，莫尔斯电码也可以看作一种二进制编码，那么有没有其他的编码方式呢？

从古至今，人们一直在使用编码来加密通信。发信人和收信人都掌握一种特定的编码规则，有时候也会制作像表 4-1 那样的编码表和图 4-1 那样的译码表。这样，信息在传递的过程中即使被敌方截取，也需要花上一段时间才能翻译出来。

请你和你的同桌扮演特工，用编码来传递情报，亲身体验编码和译码的过程。下面是几种推荐的编码方式，供你参考。

● ASCII 码和莫尔斯电码

你可以使用本章前面介绍的二进制编码来处理你的情报，编码后的情报应该是一串由 0 和 1 组成的数字，或者是一些点和横线的组合（当然你也可以自己发明两种不同的符号来表示 0 和 1）。这两种编码方式的编码表分别在表 4-3 和表 4-1 中。

● 凯撒加密

这是一种诞生于古罗马时代的古老密码，它的原理很简单，是将原文中的字母按照字母表顺序"平移"的规则替换，替换规则示例见表 4-5。表中是平移了 3 个位置的加密方式，你也可以任意修改平移的位数。

表 4-5 凯撒加密规则示例

原文	A	B	C	D	E	F	G	H	I	J	K	L	M
加密后	D	E	F	G	H	I	J	K	L	M	N	O	P
原文	N	O	P	Q	R	S	T	U	V	W	X	Y	Z
加密后	Q	R	S	T	U	V	W	X	Y	Z	A	B	C

● 单表代换

单表代换和凯撒加密类似，也是用字母替换字母，不过不一定是"平移"的方式，替换的规则可以是任意的。表 4-6 展示了一种单表代换加密规则，你也可以创造新的规则，注意不要重复使用字母。

表 4-6　单表代换加密规则示例

原文	A	B	C	D	E	F	G	H	I	J	K	L	M
加密后	P	H	Q	G	I	U	M	E	A	Y	L	N	O
原文	N	O	P	Q	R	S	T	U	V	W	X	Y	Z
加密后	F	D	X	J	K	R	C	V	S	T	Z	W	B

活动步骤

1. **决定情报内容**：你的情报需要采用英文或拼音形式，总共不超过 20 个字母。

2. **决定编码方式**：根据前面提供的参考资料，确定采用哪种编码方式制作编码表。

3. **编码**：对照编码表，把情报转换成编码，写在小纸条上。

4. **交换情报**：和同桌交换小纸条。

5. **译码**：根据小纸条的信息，尝试破解同桌使用的编码规则，制作译码表，翻译出情报内容。如果翻译成功，你也可以用相同的编码规则给同桌写一封回信！

> **活动讨论**
>
> 1. 你选择的编码规则适合计算机使用吗？为什么？
> 2. 你同桌选择的编码规则适合计算机使用吗？为什么？
> 3. 结合本章前两节的内容，谈一谈计算机使用的编码规则有什么特点？

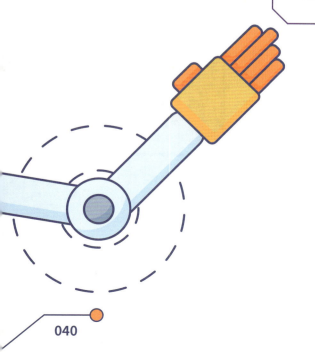

第 5 章
人工智能如何"看到"图像

　　人工智能要想"读懂"文字，可以利用 ASCII 码之类的编码规则将文字转换成一长串 0 和 1 的二进制数；要是人工智能想"看到"图像，方法也是一样的，要找到一种合适的规则来把图像编码成二进制数。在第 5 章中，我们将从一个拼贴瓷砖的故事开始，一步步了解常用的图像编码规则，以及为什么会形成这样的规则。

5.1 像素与分辨率

图像的编码

在讨论如何编码图像的时候，首先会遇到一个问题：图像里包含的信息量比文字大得多。

文字的字符数量是有限的，就算是中文这样的复杂语言，也可以用有限数量的编码来表示用到的所有汉字；图像就不一样了，比如一张油画，你可以描述它是"一张女子肖像画"，或者再详细一点"一张黑发女子肖像画，背景是自然风光"，但这样的描述无法体现出画面的颜色、画家的笔触、颜料的开裂……要是把这些都编码出来，恐怕你的硬盘就存不下了！

好在大部分时候我们不需要如此多的细节，在编码时可以做一定程度的近似处理。只要能满足我们的需求，即使编码后的图像不能百分之百地反映原始图像的风貌也是没问题的。

像素

既然要舍弃细节做近似处理，那么到底要编码多少信息，又要舍弃多少信息呢？这取决于我们打算拿这张编码成二进制数的图片做什么事情。

举个例子，我们想在一个长宽均为 3 米的正方形房间地板上贴瓷砖，瓷砖是正方形的，边长 50 厘米，有黑白两种颜色——很容易就能算出，要想铺满房间，应该一共贴 6 排，每排 6 块瓷砖。现在我们手上有一张图 5-1 这样的手绘施工图纸，要怎么做才能让工人按照图纸来贴瓷砖呢？如果工人是人类，我们直接出示图纸，说"黑白交错"就可以了；如果工人是计算机，就需要将图纸编码成二进制的格式。我们设定一个规则，比如用 1 代表白色、用 0 代表黑色，就可以根据图 5-1 的手绘图纸制作出表 5-1。

图 5-1　手绘施工图纸

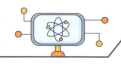

表 5-1 黑白交错图案的编码（6 像素 ×6 像素）

	第 1 列	第 2 列	第 3 列	第 4 列	第 5 列	第 6 列
第 1 行	1	0	1	0	1	0
第 2 行	0	1	0	1	0	1
第 3 行	1	0	1	0	1	0
第 4 行	0	1	0	1	0	1
第 5 行	1	0	1	0	1	0
第 6 行	0	1	0	1	0	1

这样，计算机就能读懂编码后的图像：第 1 行第 1 列的 1 表示要贴一块白色瓷砖；第 1 行第 2 列的 0 表示要贴一块黑色瓷砖……

手绘图纸通过编码，成为计算机可以读取的表格，它是图像的数字形式；表格再经过译码，成为地板上的瓷砖图案。在这个编码过程中，我们将图纸上的图案分割成一个个小格子，每个格子的数值是 0 或 1。这些小格子就是**像素**，图纸上的图案每条边是 6 像素，总共有 36 像素，这么多像素聚集在一起，就组成了图案。

图纸上的信息并没有完全被编码，像铅笔颜色的深浅、手绘线条的弯曲方向这样的信息，对我们的目标——贴瓷砖没有帮助，因此在编码的过程中被舍弃了，没有在表 5-1 中反映出来。

分辨率

接下来我们打算换一个图案，用瓷砖贴一个圆圈，该怎么做呢？同样从编码开始，把圆圈图案编码成二进制数，可能是表 5-2 的样子。但是当我们把表 5-2 给计算机时，会发现结果不尽如人意：它拼贴出来的瓷砖图案是图 5-2 这样的，不太像个圆圈。

表 5-2 圆圈图案的编码（6 像素 ×6 像素）

	第 1 列	第 2 列	第 3 列	第 4 列	第 5 列	第 6 列
第 1 行	1	1	0	0	1	1
第 2 行	1	0	1	1	0	1
第 3 行	0	1	1	1	1	0
第 4 行	0	1	1	1	1	0
第 5 行	1	0	1	1	0	1
第 6 行	1	1	0	0	1	1

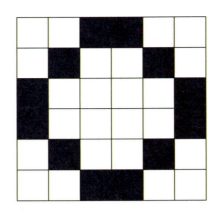

图 5-2　圆圈图案（6 像素 ×6 像素）

怎样才能让编码出来的图案更像个圆圈呢？增加像素就可以了。还是这个长宽均为 3 米的房间，我们用小一点的瓷砖，比如边长 30 厘米的瓷砖，每边贴 10 块，这样的话，图像每边有 10 个像素，编码可以写成表 5-3 的样子，对应的图像是图 5-3，看起来好多了。

表 5-3　圆圈图案的编码（10 像素 ×10 像素）

	第 1 列	第 2 列	第 3 列	第 4 列	第 5 列	第 6 列	第 7 列	第 8 列	第 9 列	第 10 列
第 1 行	1	1	1	1	0	0	1	1	1	1
第 2 行	1	1	0	0	1	1	0	0	1	1
第 3 行	1	0	1	1	1	1	1	1	0	1
第 4 行	1	0	1	1	1	1	1	1	0	1
第 5 行	0	1	1	1	1	1	1	1	1	0
第 6 行	0	1	1	1	1	1	1	1	1	0
第 7 行	1	0	1	1	1	1	1	1	0	1
第 8 行	1	0	1	1	1	1	1	1	0	1
第 9 行	1	1	0	0	1	1	0	0	1	1
第 10 行	1	1	1	1	0	0	1	1	1	1

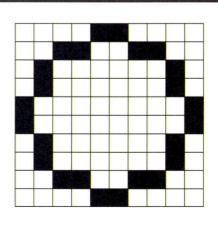

图 5-3　圆圈图案（10 像素 ×10 像素）

我们还可以继续增加像素，让编码后的图案更逼真，像图 5-4 这样。

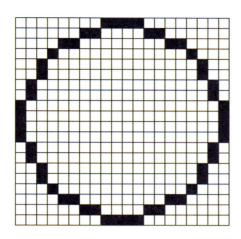

图 5-4　圆圈图案（20 像素 ×20 像素）

在让图案更加逼真、更好分辨的过程中，我们所做的事是增加了像素的数量，具体来说，是通过增加像素的行数与列数来实现的。像素的行数与列数统称为分辨率，分辨率越高，图像就越清晰。

思考题

选择你名字中的一个汉字作为图案，在下面表格中写出这个图案的编码。

	第1列	第2列	第3列	第4列	第5列	第6列	第7列	第8列	第9列	第10列
第1行										
第2行										
第3行										
第4行										
第5行										
第6行										
第7行										
第8行										
第9行										
第10行										

你能用更低的分辨率编码出这个汉字图案吗？这个字至少要用多高的分辨率才能表示出来？

5.2 灰度与彩色

灰度的表示方法

我们已经用增加分辨率的方法获得了一个圆圈的图像编码,从而指挥计算机用瓷砖拼贴出圆圈图案,现在要更进一步:圆圈是个平面图案,能不能用类似的方式指挥计算机拼贴出有立体感的图案呢?在美术课上我们画过有立体感的素描,用的方法是让被光照到的地方颜色浅一点,阴影的地方颜色深一点,像图 5-5 一样。

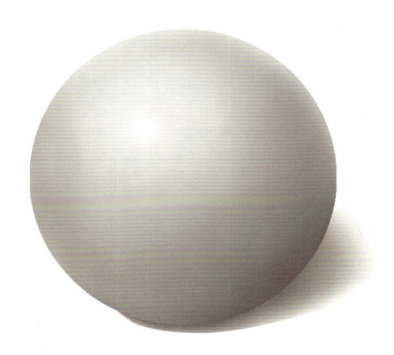

图 5-5　用颜色深浅来表现立体感

在计算机领域,这种"深浅"叫作"灰度"。按照之前的编码方法,我们只有黑色和白色两种瓷砖,分别用 0 和 1 表示,这样是很难表现灰度的。要想表现灰度,还要再准备几种不同颜色的瓷砖,我们先暂定准备深灰和浅灰两种颜色。之前用 0 和 1 两个数字来代表黑、白两种颜色,现在瓷砖的颜色变成了黑、深灰、浅灰、白四种,可以用 0、1、2、3 四个数字来表示,当然你也可以把它写成二进制的 00、01、10、11,每个像素包含 2 比特的信息。用这种编码规则就可以表示出带有灰度的图像,如表 5-4 和图 5-6 所示。

表 5-4 灰度图像的编码

	第 1 列	第 2 列	第 3 列	第 4 列	第 5 列	第 6 列	第 7 列	第 8 列	第 9 列	第 10 列
第 1 行	3	3	3	3	0	0	3	3	3	3
第 2 行	3	3	0	0	2	2	0	0	3	3
第 3 行	3	0	2	3	2	2	2	1	0	3
第 4 行	3	0	3	3	3	2	2	1	0	3
第 5 行	0	2	2	3	2	2	2	2	1	0
第 6 行	0	2	2	2	2	2	2	2	1	0
第 7 行	3	0	2	2	2	2	2	1	0	3
第 8 行	3	0	1	1	2	2	1	1	0	3
第 9 行	3	3	0	0	1	1	0	0	3	3
第 10 行	3	3	3	3	0	0	3	3	3	3

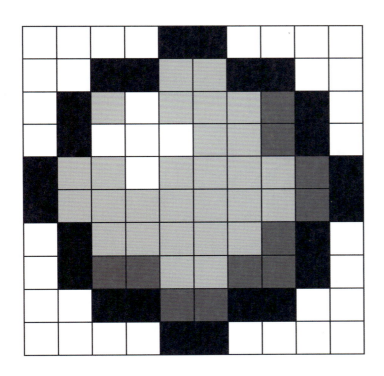

图 5-6 灰度图像

通过增加每个像素的取值范围，我们增加了数字图像的表现能力，不仅能表示线条，现在还能表示灰度了。而且，像素的取值范围越大，越能使用更多种深浅不一的灰色，图像就越细腻。在计算机实际应用中，灰度一般为 0~255，也就是有 $256=2^8$ 种不同的深浅选择，灰度图像的每个像素占用 8 比特的空间，正好是 1 字节！

彩色的表示方法

要想让图像更有表现力,就要加入彩色了。电视和手机屏幕上的彩色是用红、绿、蓝三原色组合起来的,而计算机对彩色图像的编码也是通过分解成三原色来实现的。

不管是 0 和 1 两种取值的黑白图像,还是 0~255 一共 256 种取值的灰度图像,其中的每一个像素都只需要一个数字来表示。而彩色图像则不同,一个像素要用 (R, G, B) 三个数字来表示,其中 R 代表红色 (red) 的亮度,G 代表绿色 (green) 的亮度,B 代表蓝色 (blue) 的亮度,它们的取值一般都是 0~255,数字越大,对应颜色的成分就越多。

三个数字的组合,可以表示出一千多万种颜色。比如 (255, 0, 0) 表示这个像素里红色处于最高的亮度,绿色和蓝色都没有,所以显示出来应该是大红色;同理,(0, 255, 0) 是绿色,(0, 0, 255) 是蓝色,如图 5-7 所示。

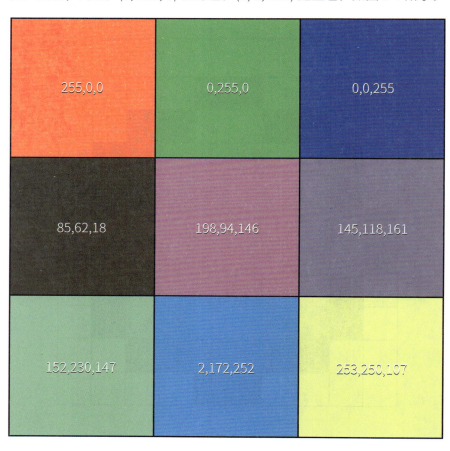

图 5-7　用三个数字来编码像素的颜色

图像中的每个像素要用多少个数字表示,就称这个图像有多少个通道。用 (R, G, B) 表示的彩色图像有三个通道,而灰度图像只有一个通道。

彩色图像每个像素每个通道的取值是 0~255,也就是有 $256=2^8$ 种不同的选择,占用 8 比特空间,三个通道一共占用 24 比特空间,相当于 3 个字节。

第二部分
让人工智能读懂世界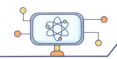

知识卡片：数字图像与模拟图像

我们在本章中讨论的图像属于数字图像。数字图像有一个特点，那就是可以无限复制。只要有这张数字表格，无论是谁，无论用什么设备，都可以复制出这张图像——不管是用瓷砖拼贴出来，在网格纸上画出来，还是用显示器显示出来。

与数字图像相对的是模拟图像，复制模拟图像依靠的不是数字，而是一些实体的媒介，例如胶片、印章等。既然是实体，就肯定会有寿命，印章印了 100 次或许不会有什么变化，但只要一直印，总有一天会变得模糊，模拟图像就无法正常复制出来了。图 5-8 为依靠实体媒介的模拟图像。

思考题

写出下面颜色对应的各通道数值：

白色（_____，_____，_____）

黑色（_____，_____，_____）

图 5-8 依靠实体媒介的模拟图像

5.3 实践活动：图像处理初探

活动背景

通过本章的学习，我们已经了解了计算机中图像的编码方式，接下来就让我们用学到的知识来解决实际问题吧！

假设你正在上一门摄影网课，老师布置了一项拍摄作业，你用相机认真地拍摄了照片，却在交作业时傻了眼：作业要通过网课系统在线上传，上传图片有大小限制，不能超过 2 MB，而你的照片原图足足有 14 MB！

你要做的就是让图片文件占用的存储空间变小。既然图片是由很多个像素组成的，那我们一方面可以减少像素的数量，另一方面可以减少每个像素占用的存储空间。

活动步骤

下面以 Adobe Photoshop 为例讲解活动步骤，如果没有该软件，也可以使用 Windows 画图完成部分内容。

1. **图片准备**（图 5-9）

a. 选择一张喜欢的彩色照片，用 Adobe Photoshop 打开，点击"文件 - 存储为"，在弹出窗口"格式"选项中下拉选择 BMP，文件名改为"原图"，点击"保存"，在弹出的选项窗口中不修改任何设置，点击"确定"。

b. 找到"原图"保存的位置，右键 - 属性查看文件大小并记录。

图 5-9　图片准备

2. 用减少像素的方式使大图变小（图 5-10）

a. 用 Adobe Photoshop 打开"原图"，点击"图像 - 图像大小"，记录弹出窗口中显示的原图宽度和高度（单位为像素）。

b. 在"图像 - 图像大小"弹出窗口中，修改宽度或高度数值，使其小于原图的宽度和高度，记录修改后的数值，点击"确定"。

c. 点击"文件 - 存储为"，在弹出窗口"格式"选项中下拉选择 BMP，文件名改为"原图 - 减少像素"，点击"保存"，在弹出的选项窗口中不修改任何设置，点击"确定"。

d. 找到"原图 - 减少像素"保存的位置，右键 - 属性查看文件大小并记录。

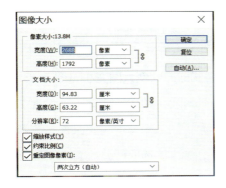

图 5-10　减少像素

3. 用减少通道数的方式使大图变小（图 5-11）

a. 用 Adobe Photoshop 打开"原图"，点击"图像 - 模式 - 灰度"，在弹出的窗口中点击"扔掉"，观察图片发生的变化。

b. 点击"文件 - 存储为"，在弹出窗口"格式"选项中下拉选择 BMP，文件名改为"原图 - 减少通道数"，点击"保存"，在弹出的选项窗口中不修改任何设置，点击"确定"。

c. 找到"原图 - 减少通道数"保存的位置，右键 - 属性查看文件大小并记录。

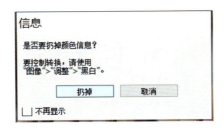

图 5-11　减少通道数

4. 用减少颜色数的方式使大图变小（图 5-12）

a. 用 Adobe Photoshop 打开"原图"，点击"图像 - 模式 - 索引颜色"，记录弹出窗口"颜色"后面的数字，反复勾选和取消勾选"预览"，仔细观察图片的变化，完成观察后点击"确定"。

b. 点击"文件 - 存储为",在弹出窗口"格式"选项中下拉选择 BMP,文件名改为"原图 - 减少颜色数",点击"保存",在弹出的选项窗口中不修改任何设置,点击"确定"。

c. 找到"原图 - 减少颜色数"保存的位置,右键 - 属性查看文件大小并记录。

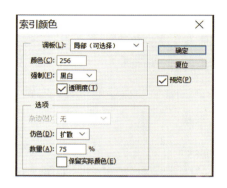

图 5-12　减少颜色数

5. 用改变图片格式的方式使大图变小(图 5-13)

a. 用 Adobe Photoshop 打开"原图",点击"文件 - 存储为",在弹出窗口"格式"选项中下拉选择 JPEG,文件名改为"原图 - 改变图片格式",点击"保存",在弹出的选项窗口中不修改任何设置,点击"确定"。

b. 找到"原图 - 改变图片格式"保存的位置,右键 - 属性查看文件大小并记录。

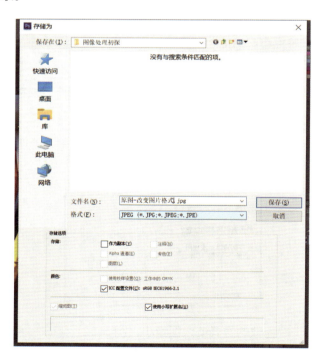

图 5-13　改变图片格式

所有图像压缩实验数据记录在表 5-5 中。

第二部分 让人工智能读懂世界

表 5-5 图像压缩实验数据记录

文件名	处理图像的方式	文件大小	其他
原图	无		宽度：_____ 像素 高度：_____ 像素
原图 - 减少像素	减少像素		宽度：_____ 像素 高度：_____ 像素
原图 - 减少通道数	减少通道数		
原图 - 减少颜色数	减少颜色数		颜色数：_____
原图 - 改变图片格式	改变图片格式		

活动讨论

在几种图像处理方式中，成功使文件大小缩小的有 _____，其中处理后文件最小的是 _____。

在几种图像处理方式中，使图片外观发生明显变化的是 _____，没有发生明显变化的是 _____。

综合以上信息，对于这张图片，我推荐采用 _____ 的处理方式。

原图是一张彩色图片，有 _____ 个通道，每个像素每个通道占用 8 比特空间，一共占用 _____ 比特空间；减少通道（灰度处理）后的图片有 _____ 个通道，每个像素每个通道占用 8 比特空间，一共占用 _____ 比特空间。原图的文件大小大约是减少通道后图片文件大小的 _____。

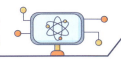

第 6 章
人工智能如何"听见"声音

要想让人工智能帮助我们做事，除了要让它"看到"图像外，能"听见"人说的话也是很重要的。人类说出的话是一种声音，我们已经知道图像可以通过分割成一个个像素的方式来编码成数字，那么声音应该也可以用类似的方式编码。我们将在第 6 章中一起寻找声音的编码规则。

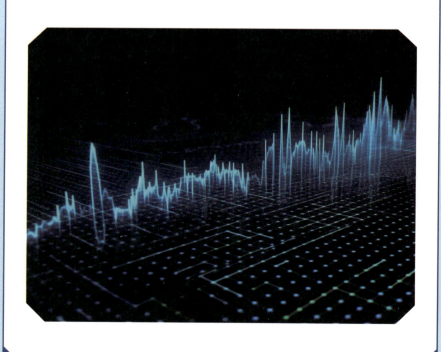

6.1 记录和传输声音

声音和听觉的本质

要想找到编码声音的方法，先要了解声音的本质。你可能在课上学习过，声音是因物体的振动而产生的。振动的音叉、振动的琴弦、振动的声带都是声源，它们在振动时挤压周围的空气，让空气也开始振动。

空气的振动传到我们的耳朵，经过外耳的耳郭和外耳道集中到鼓膜上，带动鼓膜振动。鼓膜的振动继续向内传导，带动中耳的三块听小骨振动，听小骨再将振动传导到内耳的耳蜗，带动耳蜗里的液体振动。耳蜗里有许多绒毛细胞，当耳蜗里的液体振动时，这些绒毛也会随之摆动，这种摆动会转化成神经信号，通过听觉神经传输到大脑，我们就听到了声音。

声音和声音之间还有很多差别，它们的本质都和振动有关。声音大和声音小是响度的差别，本质上是振动幅度不同，振动幅度越大，响度就越大；声音高和声音低是音调的差别，本质上是振动频率不同，振动频率越高，音调就越高。

用机械方式记录声音

空气中的振动转瞬即逝，只有把它记录下来，才能复现和分析声音。在计算机发明之前，人们就已经有了记录声音的需求——谁不想把美妙的音乐留下来随时欣赏呢？

当然，我们可以用乐谱的形式记录，但不同音乐家对同一份乐谱的演绎可能略有差别，乐谱并不能忠实记录某一次演奏的具体情况。

留声机的发明，让人们终于有办法将声音原原本本地记录下来了。最早的留声机采用的是机械录音的方法，它用"大喇叭"接收由声音引起的空气振动，将其转化为钢针的振动。振动的钢针划过蜡盘表面，留下弯弯曲曲、深浅不一的刻痕，这就是记录下来的声音。如果想将刻痕还原成声音，只要将整个过程逆转，让刻痕带动钢针振动就可以了。

将声音变为电信号

机械录音受到材料的限制，能表现的声音细节有限，因此人们不断改进录音技术，很快进入了使用麦克风录音的电气时代。麦克风用一块薄膜来接收声音，当声音振动经过空气传播至薄膜表面时，薄膜会随之一起振

动。薄膜连接着线圈，线圈也会被薄膜带动一起振动。线圈套在一块固定的磁铁上，振动的线圈和固定的磁铁之间产生相对运动。根据电磁感应原理，线圈和磁铁的相对运动会在线圈内部产生电流，这种感应电流就是声音的电信号。麦克风的结构（以动圈麦克风为例）如图 6-1 所示。

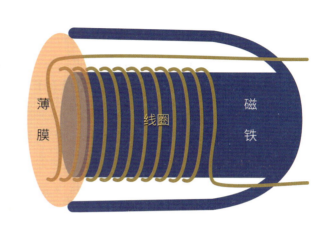

图 6-1　麦克风的结构（以动圈麦克风为例）

由声音转化成的电流不是一成不变的，它的大小和方向会随着声音响度和频率的变化而变化，正是这些变化，体现了声音中包含的信息。声音的电信号可以传给磁头，用磁头改变磁粉的磁化排列方式，把声音录成磁带；也可以通过调制器搭载到电磁波上，成为无线电广播；当然也可以传递给计算机，作为编码声音的原材料。

思考题

如果用下图的波形来代表声音的振动，那么振幅最大的是 _____ ，它的声音听起来最 □ 大 □ 小；频率最高的是 _____ ，它的音调听起来最 □ 高 □ 低。

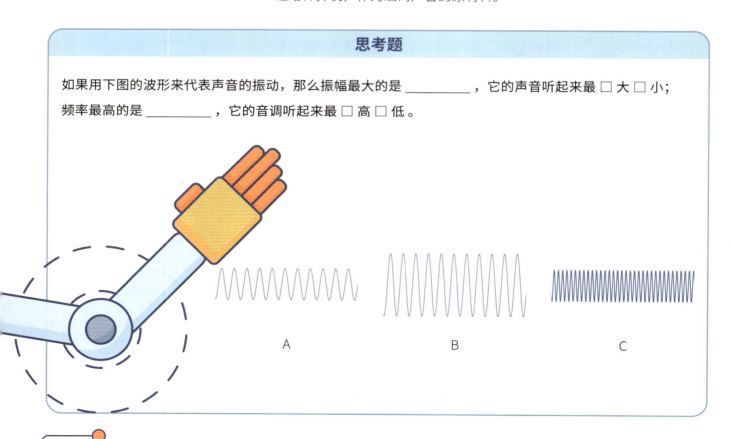

6.2 声音的数字化

波形

将声音的振动转化为电流的变化,是计算机编码声音的第一步,但这种变化的电流还不是数字形式,计算机无法直接读懂它,信号需要进一步处理。

我们可以先把声音的电信号转化为图像来看看。以时间为横坐标、电流产生的电压为纵坐标,来自麦克风的声音电信号可以画成图 6-2 这样的波形。从理论上说,波形包含了一段声音的完整信息,波形的频率就是声音振动的频率,波形的振幅反映了声音的响度。

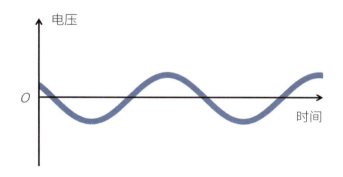

图 6-2　波形

采样

有了声音的波形图像,离编码成数字信号就又近了一步,毕竟编码图像的方法我们在第 5 章已经学习过了。在编码图像的时候,我们把图像分成一格一格的像素,每个像素赋予一个或一组数字,很多个像素组合在一起形成图像;在编码声音波形的时候,我们可以用类似的方法,把记录到的波形沿着时间轴一段一段分割开,每段根据波形赋予一个数字,成为一个数据点。这个过程叫作采样,采样产生的按时间顺序排列的数据点叫作时间序列,有了这些数字,计算机就可以读懂声音信号了。经过采样,图 6-2 的波形变成了图 6-3 的样子。

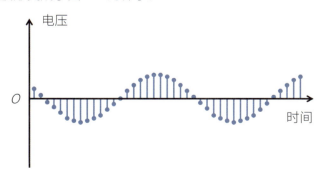

图 6-3　采样后的波形

虽然采样产生的是一个个离散的数据点，与原来连续的波形不完全一致，但只要采样足够密集，或者说采样频率足够高，这些数据点聚集在一起看上去就会像一个连续的波形，就像图像编码时，提高分辨率、增加像素点能让图片看起来更清晰一样。对音乐来说，常用的声音采样频率是 44 100 Hz，也就是每秒采样 4 万多次。

知识卡片：立体声

我们讨论图像编码时学习了"通道"的概念，彩色图像可以用（R, G, B）三个通道来表示，那么声音有没有类似通道的概念呢？当然是有的，最常见的是左、右两个声道，两个声道的响度略有差别，可能还带有一定的时间差，这就使我们左、右耳听到的声音不一样，从而让大脑认为声源在某个特定的位置，产生立体声的效果。与图像常见的三个通道不同，声音支持的声道数往往会更多，比如电影院放映的电影常常包含 6 个及以上的声道。

频谱

除了响度和频率外，我们在物理课上还学过可以用音色来描述声音。波形的振幅和频率分别对应声音的响度和频率，那么音色又该怎么用计算机能读懂的数字方式来表示呢？

我们再来看看波形。波有不同的形状，不同的形状对应的音色是不同的，像正弦波、方波、锯齿波这样简单的形状，音色听起来是单调刺耳的，很机械。而像人说话的声音、乐器演奏的声音这些又自然又悦耳的音色，波形其实是非常复杂的。用数字方式描述音色，就是要用数学公式来描述波形，这个问题从物理问题转化成了数学问题。

要想解决这个数学问题，需要比较多的数学知识，现阶段我们姑且可以这样理解：

所有复杂的波形都可以看作若干个不同频率简单正弦波的叠加，如图 6-4 所示。通过一种叫作"短时傅里叶变换"的数学方法，我们可以把这些正弦波分解出来，不同的音色能分解出不同的正弦波频率组合。以频率为横坐标、振幅为纵坐标，我们可以将分解后的声音频率组合画成频谱图，如图 6-5 所示。利用频谱图，我们就可以方便地看出，音色的不同其实是因为组成它们的声波不同，比如小朋友说话的声音里，高频的声波比较多；而成年男性说话的声音里，低频的声波比较多。

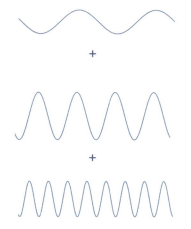

图 6-4　正弦波的叠加

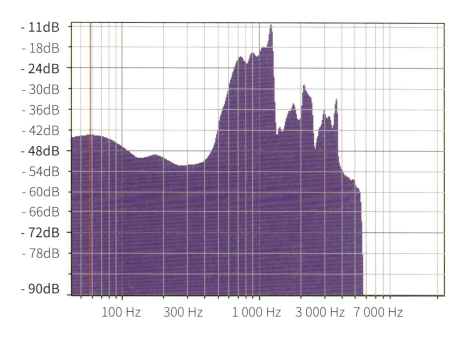

图 6-5　频谱图

思考题

1. 1 000 Hz 的声波，每秒振动 _____ 次，每次振动的时长是 _____ ms（1 s=1 000 ms）。

2. 以下哪几个采样频率能记录下 1 000 Hz 的声波？_____
   （多选）
   A　500 Hz
   B　1 000 Hz
   C　2 000 Hz
   D　44 100 Hz

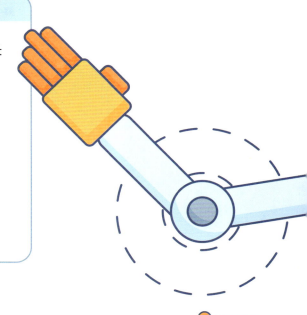

6.3 实践活动：观察不同声音的波形与频谱

活动背景

声音经过采样，成为数字化的时间序列，它的可视化形式是波形。对波形做数学变换，可以得到频谱图，它是最基础的音频分析方法。人工智能以时间序列和频谱图为基础，做更多的数学处理，提取音频的特征，从而"理解"声音的内容。让我们收集和录制一些声音，看看它们的波形和频谱是什么样子的吧！

活动步骤和数据记录

下面以 Audacity 软件为例讲解活动步骤，也可使用其他音频处理软件完成实验内容。

1. **准备素材**

   a. 访问免费音频素材网站（如 https://www.aigei.com/），搜索下载：119 火警声、鸟叫声、汽车鸣笛声，以及其他你感兴趣的声音。

   b. 打开 Audacity 软件，工具栏如图 6-6 所示，点击红色圆形录制按钮，录制 10 s 左右的说话声音，再点击黑色方形按钮结束录制。点击"文件 - 导出 - 导出为 MP3"，保存这段录音。可以多录几名同学的说话声音，每人单独录制一段保存成一个文件，每段 10 s 左右。

图 6-6　Audacity 工具栏

2. **观察波形**

   a. 用 Audacity 软件打开"119 火警声"音频文件，该文件由 _____ 个声道组成，采样率是 _____ Hz。点击绿色三角播放按钮播放音频，边听边观察这段音频什么位置音调高、什么位置音调低。

   b. 点击光标状的选择工具，单击刚才试听音频时确定的音调高的位置，使该位置出现一条竖线。不断点击放大按钮，直到能看到波浪线（图 6-7），波浪线代表声音的 _____ 。上方横轴的数字是时间，数一数，在 0.01 s 的时间里，波浪线大约重复了 _____ 个周期。由此推算，在 1 s 的时间里，波浪线大约重复了 _____ 个周期，说明这个位置的频率是 _____ Hz。

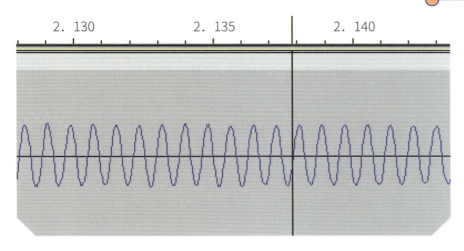

图 6-7 放大视图观察波形

c. 不断点击缩小按钮回到初始状态，用选择工具重新点击一个音调低的位置，使该位置出现一条竖线。不断点击放大按钮，直到能看到波浪线，在 0.01 s 的时间里，波浪线大约重复了 _____ 个周期。由此推算，在 1 s 的时间里，波浪线大约重复了 _____ 个周期，说明这个位置的频率是 _____ Hz。

d. 继续点击放大按钮，直到看到采样数据点。数据点在这个软件里是怎样表示的？请在下面空白处画出来。

3. 观察频谱

a. 点击"分析 - 频谱分析",在弹出窗口中可以看到这段声音的频谱图,在图片上移动鼠标可以看到对应位置的频率。

b. 这段声音的频率是从 _____ Hz 到 _____ Hz,其中响度的几个明显峰值分别是 _____ Hz、_____ Hz、_____ Hz。

4. 比较不同声音的频谱

a. 使用步骤 1 准备的素材,重复步骤 3 的操作。

b. 将数据记录在表 6-1 中。

表 6-1　频谱实验数据记录

素材名称	最低频率	最高频率	峰值 1	峰值 2	峰值 3
119 火警声					
鸟叫声					
人声					

活动讨论

在观察波形实验中,119 火警声音调高的位置和音调低的位置频率有什么不同?

通过频谱分析,你发现不同人的说话声音有什么不同?

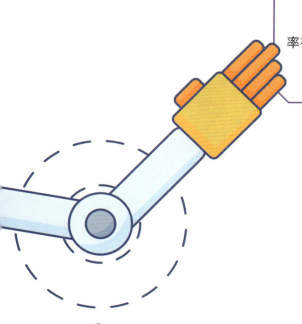

第 7 章
人工智能如何"观赏"视频

我们已经了解了计算机编码文字、图像和声音的方式，常见的信息形式还剩最后一种——视频。视频是动态影像的记录，在计算机诞生之前就有了像电影这样的记录方式，要是把摄影技术诞生之前的动画算上，就更早了。那么，视频是如何让人类看到动态影像的？计算机又是如何在此基础上发展了视频编码技术的呢？

7.1 人眼看到动态画面的原理

视觉暂留和闪烁融合

要说传统的动态影像记录方法,那一定可以追溯到诞生于19世纪末的胶片电影。电影胶片是一条长长的带子,上面按顺序排列着一张张小图片,让光线依次透过胶片上的每一格图片投影到大银幕上,就能放映出电影。最早的胶片电影由于放映机构造的限制,在一格图片展示结束之后必须有一个短暂的"黑屏"阶段,以便让放映机转动,将下一格图片推到镜头前。这样一来,电影画面实际上是亮暗闪烁的。不过对观众来说,这个"黑屏"似乎很难察觉到,并不会影响观影体验,这是为什么呢?

这种现象叫作"闪烁融合",有些科学家是这样解释它的:当我们眼中的画面变黑的时候,视网膜中的成像并不会马上消失,而是会停留非常短暂的一段时间,这就是所谓的"视觉暂留"。当视网膜中暂留的上一格图片还没来得及消失,下一格图片就已经出现在了视野中,此时对我们的眼睛来说,两格图片之间就是无缝衔接的。"亮"与"亮"之间不存在"暗"的间隔,也就看不到闪烁了。

似动现象

视觉暂留解释了为什么电影放映时的明暗闪烁不影响观看,即使我们察觉不到两格图片之间的黑屏,但两格图片仍然是不一样的,在切换时我们应该会观察到一个突然的变化才对。现实经验告诉我们,一般的视频在观看时并不存在这种突变,我们看到的的确是丝滑的动态画面。

这种动态错觉是如何产生的呢?1912年,心理学家韦特海默提出了"似动现象"的说法,让我们能稍微接近动态错觉的真相。

韦特海默做了一个实验,他让实验对象先看到画面上的一条线段[图7-1(a)],之后线段消失,画面上另一个位置又出现一条新的线段[图7-1(b)]。这样两条不同位置的线段交替出现,当速度比较慢的时候,看到的画面是闪烁的。当线段交替的速度足够快的时候,错觉产生了——实验对象认为,看到的不再是两条不同位置的线段,而是同一条线段在两个不同位置间来回运动[图7-1(c)]。

第二部分 让人工智能读懂世界

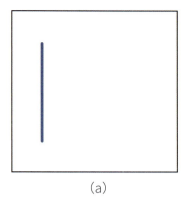
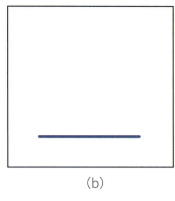
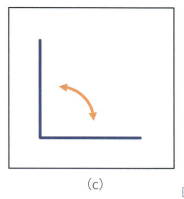

(a)　　　　　　　　　(b)　　　　　　　　　(c)

图 7-1　似动现象实验

本身没有在运动的线段却"看似在运动",这个现象就叫作"似动现象"。韦特海默认为,我们倾向于将知觉作为一个整体来看待,而不是一个个元素的组合,因此,在上面这个例子里,我们的大脑将两条交替出现的线段作为一个整体来看待,自动补全了两张静态图片之间的运动,产生了动态错觉。

知识卡片:动态错觉的生理学基础

无论是视觉暂留还是似动现象,它们都只是心理学的理论,至于这些心理学理论的背后有怎样的生理学基础,目前还没有定论,我们只能通过视觉系统的原理来做一些猜测。

人的视觉依靠的是由眼睛、视神经、外侧膝状体、大脑视觉皮层等共同构成的视觉系统,眼睛里的视网膜只是获得视觉信息的第一站,没有后续的信息处理,这些信息对我们就毫无意义。

外界物体反射的光经过眼部的角膜、瞳孔、晶状体、玻璃体等,最后聚焦到视网膜上,在这里遇到了一些特殊的神经元,叫作"光感受器"。光感受器将到达视网膜的光信号转换成神经元中的电信号,经过双极细胞、神经节细胞的加工处理,得到了视觉信息的多个不同要素,例如明暗、颜色、运动方向等。

这些经过简单处理的视觉信息通过视神经传达到下一站——外侧膝状体。外侧膝状体是丘脑的一部分,它接收视网膜神经节传递来的信息,进行简单的加工,再传递给大脑视觉皮层,进一步分析颜色、深度、方向、形状等视觉信息。

可见,我们的视觉系统并不是被动地吸收外界的画面,而是从光线到达视网膜的那一刻开始,就不断主动探索外界的光信号,寻找其中的颜色、运动、形状等有意义的信息,然后对这些带有意义的信息做进一步分析。那么,只要视频能够骗过我们的视觉系统,让我们的大脑认为它所带有的信息和真实运动的物体没什么区别,就可以产生动态错觉。

7.2 视频的编码与压缩

视频编码的特点

无论是胶片电影还是数字视频，动态影像的记录都是通过一张张静态图片来实现的。对人类来说，理解视频是一个"欺骗大脑"的过程，要用静态图片产生动态错觉；而对人工智能来说，"理解视频"就简单得多——毕竟动态影像已经被分割成了一张张静态图片，我们在第 5 章找到了图片的编码方式，在第 6 章找到了声音的编码方式，把它们以某种方式组合在一起，不就完成了视频的编码吗？

理论上确实是这样，但视频的编码还有一些其他问题要解决。举个例子，我们想编码一部彩色电影，电影分辨率为 1 920×1 080，时长为 100 分钟，按照上面说的编码方式，只考虑画面不考虑声音，需要占用多少存储空间呢？

我们假设这部电影和一般的电影一样，每秒包含 24 张图像（按照视频处理领域的专业说法，是"24 帧"）。通过学习第 5 章，我们知道了彩色图像的一个像素占用 3 字节（24 比特）空间，那么 1 帧占用的存储空间就是 1 920×1 080×3=6 220 800 字节，大约相当于 5.932 6 MB。每秒包含 24 帧，那么每秒电影占用的存储空间就是 5.932 6×24=142.382 4 MB。100 分钟是 6 000 秒，这部电影总共占用的存储空间是 142.382 4×6 000=854 294 MB，大约相当于 834 GB。这样看来，即使是 2 TB 的硬盘，存两部电影也就快满了，视频文件如果按这种原始方式编码，实在是太占空间了。

为了解决这个问题，我们接触到的所有视频文件几乎都是在原始文件基础上经过另外一次或几次编码的，这些额外的编码过程使用了一些精心设计过的规则，让视频文件变得更小。

让视频文件变得更小

这些编码规则是怎样让视频文件变得更小的呢？主要的方法是寻找像素与像素之间、帧与帧之间的规律，去除冗余信息。

比如视频里的一帧图像是图 7-2 的样子，对于这幅有 100 个像素的图像，正常情况下我们需要用 300 字节来存储它。但是观察这幅图像，我们发现它的前 7 行都是蓝色，后 3 行都是绿色，我们没必要把（0, 0, 255）写 70 遍、（0, 255, 0）写 30 遍，所以完全可以改成类似"（0, 0,

255）×70"的编码方式，大量减少所需的存储空间。通过这样的编码，我们去除了视频中的空间冗余信息。

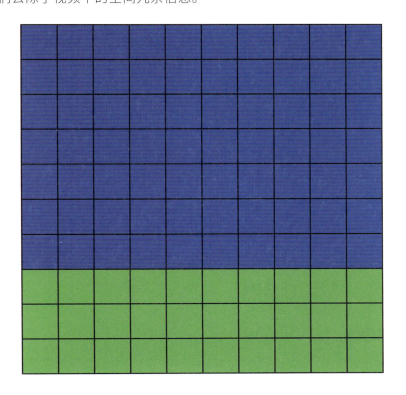

图 7-2　空间冗余

还有另外一种情况，涉及若干个相邻的帧。比如视频里有 3 个相邻的帧，如图 7-3 所示。每一帧都有一些单色的大色块，可以按照前面的方法来去除空间冗余。除此之外，我们发现这 3 帧有一些相似之处：第 2 帧和第 1 帧大部分的像素是相同的，只在右上角白色部分有一些不同；第 3 帧和第 2 帧相比也是如此。那么，我们在存储第 2 帧和第 3 帧的时候，不需要存储它们全部的像素，只要把和前一帧相比有变化的几个像素存储起来就可以了，如图 7-4 所示。通过这样的编码，我们去除了视频中的时间冗余信息。

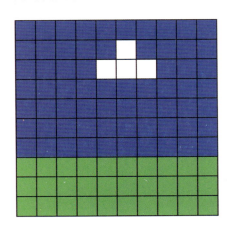 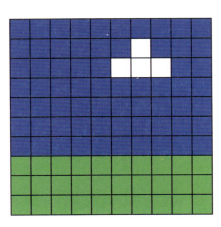 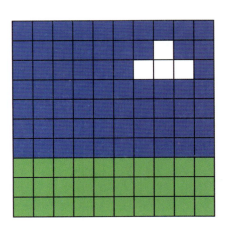

图 7-3　时间冗余

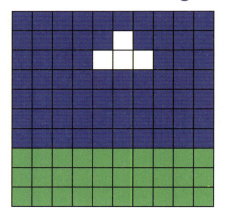 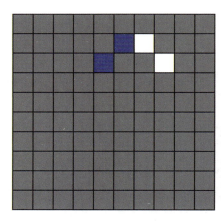 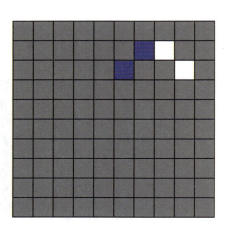

图 7-4　关键帧和向前参考帧

可以发现，图 7-4 中的第 2 帧和第 3 帧存储的信息都不是一张完整的图像，一定要配合第 1 帧才能得到完整图像，假如第 1 帧丢失了，视频就会出现错误。可见，第 1 帧非常关键，它也叫作"关键帧"，而第 2 帧和第 3 帧要参考前面的帧，它们也叫作"向前参考帧"。

编码和封装

前面讨论的视频压缩编码都是针对视频中的图像部分而言的，图像部分常见的编码规则有 H.264、MPEG-4、HEVC(H.265) 等。针对音频一样会有不同的编码规则，常见的编码方式有 MP3、AAC 等。

分别压缩图像部分和音频部分，还要把它们一起编码成一个文件，就像是把视频和音频一起装进一个盒子里一样，这个步骤叫作"封装"。常见的封装格式有 MP4、MOV、FLV、MKV 等，我们看到的视频文件的后缀名，其实就是它的封装格式。

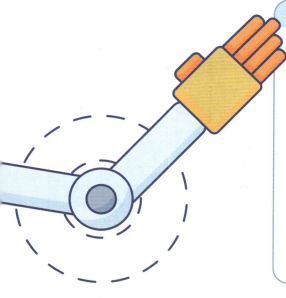

思考题

根据本节学习的空间冗余和时间冗余的知识，为下面几段视频的冗余信息量排序。假定这几段视频的时长相同、分辨率相同，冗余信息从多到少依次为 _____ 。

A. 水中的多个小气泡无规则上浮

B. 几张静态幻灯片切换

C. 两人在简单的室内背景对话

7.3 实践活动：探究帧率与画面流畅度的关系

活动背景

前面我们提到了"帧"的概念，组成视频的每一张图片可以叫作"1帧"，而每秒有多少帧叫作"帧率"，帧率的单位是 fps（frame per second）。

电影常用的帧率是 24 fps，也就是每秒 24 帧；有些电脑游戏的画面需要 60 fps；有些动画片每秒有 8 张图片，相当于 8 fps。帧率高，视频会格外流畅，但制作和存储成本也更高；帧率低，制作和存储成本相应降低，但视频可能会卡顿。

究竟选择什么样的帧率，才能既节省成本又保证一定的观看体验呢？让我们一起做一个小动画来探索一下。

活动步骤和数据记录

以下以 Adobe Photoshop 为例讲解活动步骤，如果没有该软件，也可以使用各类 GIF 编辑软件完成实验。

1. **制作逐帧动画**

   a. 打开 Photoshop，新建一个 600×600 像素的文件。

   b. 使用矩形、椭圆、自定形状等工具画一个简单的图形，调整为自己喜欢的颜色。

   c. 点击"窗口 - 时间轴"，在出现的时间轴面板上点击向下的小三角，选择"创建帧动画"，然后点击"创建帧动画"（图 7-5）。

图 7-5　创建帧动画

   d. 在时间轴面板点击"复制"按钮，将所选帧复制 10 个，将每一帧的时长调整为 0.1 秒，播放模式选择"永远"。

   e. 在时间轴面板依次选中每一帧，调整每一帧的画面，可以让图形一帧帧逐渐移动位置，也可以让图形一帧帧逐渐放大或缩小。

f. 调整好每一帧画面后，点击时间轴面板下方的向右的小三角，播放动画，观察效果，调整效果不好的帧（图 7-6）。

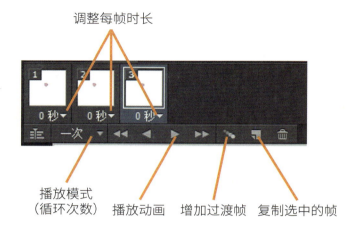

图 7-6　时间轴面板操作说明

g. 点击"文件 - 存储为 Web 所用格式"，在弹出的选项窗口中不修改任何设置，点击"存储"，将做好的动画存储为 GIF 动图（图 7-7）。

(a)

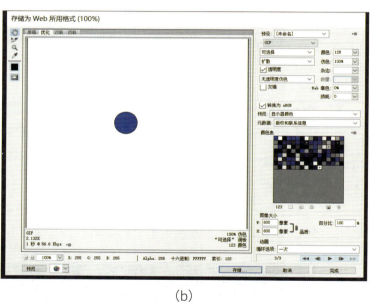

(b)

图 7-7　将动画存储为 GIF

2. 制作高帧率的动画

a. 以步骤 1 制作的逐帧动画为基础，选中第 10 帧，点击下方过渡按钮，在弹出窗口中"要添加的帧数"填写 1，点击"确定"，第 10 帧之后会自动增加 1 个过渡帧。

b. 用同样的方法依次在第 9，8，7，…，1 帧后增加过渡帧，此时总共应该有 20 帧。

c. 将每一帧的时长调整为 0.05 秒。

d. 点击时间轴面板下方的向右的小三角，播放动画，观察效果，调整效果不好的帧。

e. 点击"文件 - 存储为 Web 所用格式"，在弹出的选项窗口中不修改任何设置，点击存储，将做好的动画存储成 GIF 动图。

3. 制作低帧率的动画

a. 以步骤 2 制作的高帧率动画为基础，每隔 1 帧删除 3 帧，也就是删除第 2，3，4，6，7，8，10，11，12，14，15，16，18，19，20 帧，保留第 1，5，9，13，17 帧。

b. 将每一帧的时长调整为 0.2 秒。

c. 点击时间轴面板下方的向右的小三角，播放动画，观察效果，调整效果不好的帧。

d. 点击"文件 - 存储为 Web 所用格式"，在弹出的选项窗口中不修改任何设置，点击"存储"，将做好的动画存储为 GIF 动图。

4. 依次观看保存的 3 张动图，在表 7-1 中记录动画观看效果和文件大小。

表 7-1　帧率实验数据记录

文件名	帧率	文件大小	动画效果
			☐ 流畅　☐ 一般　☐ 不流畅
			☐ 流畅　☐ 一般　☐ 不流畅
			☐ 流畅　☐ 一般　☐ 不流畅

活动讨论

通过实验，我们发现帧率越 _____ ，动画效果就越 _____ 。

帧率越 _____ ，文件大小就越 _____ 。

综合考虑，我想为我做的动画选择 _____ fps 的帧率。

除了调整帧率外，还有什么办法能让动画变得更流畅？

第三部分
人工智能帮我们解决问题

我们已经知道了文字、图像、声音、视频等信息在计算机中是如何表达的，但我们的目标不只于此。想办法让人工智能帮我们解决问题，才是它被发明出来的真正目的。在第三部分中，我们将从传统的编程出发，沿着时间的维度，感受计算机如何从只会机械执行指令的机器，逐渐发展为可以像人类一样思考的人工智能。

第 8 章
计算机解决问题的经典路径

说到用计算机解决问题,肯定绕不开"编程"这个概念。你可能对编写程序有一定的概念,甚至可能已经尝试过编写程序,不过从计算思维的角度来看,它只是用计算机解决问题的步骤之一。在第 8 章中,我们将一步步分析计算机解决问题的经典路径,毕竟人工智能的研究就是建立在这些经典路径的基础之上。

8.1 计算思维

如何用计算机解决实际问题

我们在现实中遇到的问题大多五花八门、模棱两可。比如"今天中午吃什么"这个问题，如果你去问你的爸爸妈妈或同学，应该能很快得到答案；但要是让计算机去解决，直接扔给它这个问题是不行的，还需要一些加工。

计算机擅长的是计算，而且最好是帮它把算式列好，告诉它"先把 a 和 b 相乘，再把乘积和 c 相加"之类的指令；就算不是计算类的任务，也要用类似计算的方法帮它把步骤写好，先做这个、再做那个。

把现实问题转化为计算机能懂的指令，是人类的任务，至少在本章讨论的经典路径上是这样的。

提供给计算机的这一套指令叫作程序，在编写程序之前，我们需要分析现实问题并设计算法；在编写好程序之后，我们需要调试程序，看看它给出的答案是否符合我们的预期，如果一切都没问题，才算是用计算机解决了实际问题，如图 8-1 所示。

图 8-1　计算机解决实际问题的路径

在这样的过程中，我们会使用抽象、分解、建模、算法设计等思维方式，这样的思维方式就是计算思维。

分析问题

用计算机解决实际问题的第一步是分析问题。原始的问题往往是比较复杂的，把它分解成若干个"子问题"各个击破，会更容易一些。

举个例子，假如你是大学图书馆的一名图书管理员，你需要给来访的学生推荐书籍，这个问题要怎么分解呢？这里我们需要多了解一些背景知识：你有一份学校下发的推荐书单，上面写了每个院系每个年级的推荐书目；作为图书管理员，你当然也有每本书的借阅记录，知道每一本书分别都有哪些学生借阅过。

那么，我们可以这样向学生推荐书籍：如果知道这名学生的院系年级，可以根据书单来推荐；如果知道这名学生的借阅记录，可以根据借阅记录来推荐；如果什么信息都没有，就只能随机推荐一本。这样，问题就可以初步分解成三个子问题：根据推荐书单给学生推荐书籍、根据借阅记录给学生推荐书籍、随机推荐书籍。

第一个子问题还可以继续拆解：推荐书单是按照院系年级列出的，那么我们就需要知道来访学生的院系年级才能推荐。这样，第一个子问题继续拆解为：获取学生属性；根据学生属性推荐书籍，如图 8-2 所示。

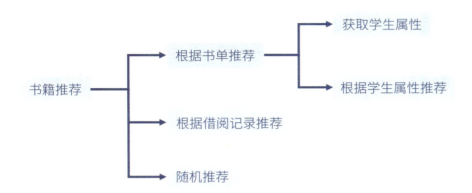

图 8-2　问题的拆解

编写程序

分析问题之后就需要设计算法，算法可以理解为解决问题的步骤，我们在下一节将会深入探讨设计算法的过程。

设计好算法之后，还要把算法"翻译"成计算机能读懂的程序。在前面几章，我们知道计算机底层使用的是由 0 和 1 组成的机器语言，理论上说，程序应该用机器语言来表达，这会是一个麻烦而冗长的过程。好在我们不需要真的把程序写成一长串 0 和 1，我们可以使用像 Python 这样比较接近自然语言的高级编程语言来编写程序，再用其他人早就制作好的程序来把高级编程语言"翻译"成机器语言。

虽然高级语言比较像自然语言，但还是有一些和我们平时说话习惯不一样的地方。首先是"变量"的概念。变量是一块拥有自己名字的存储空间，里面存储的内容叫作变量的值，可以是数字、字符、列表等。变量的值可以根据程序运行的需求和逻辑来变化，但无论变量的值怎么变化，我们都可以用变量的名字来指代它。比如，食堂用一块小黑板来展示每天的午餐菜单，对计算机来说，这块小黑板就是一个变量，是专属于午餐菜单的存储空间，我们给这个变量起名叫 menu。在小黑板上写下菜单，就相当于给 menu 这个变量赋值。变量的值当然是可变的，如果食堂午餐的菜单变了，我们可以擦掉小黑板上的字，写上新的菜单，相当于重新给 menu 赋值，变量的名称则不变，这块小黑板依旧叫作 menu，如图 8-3 所示。

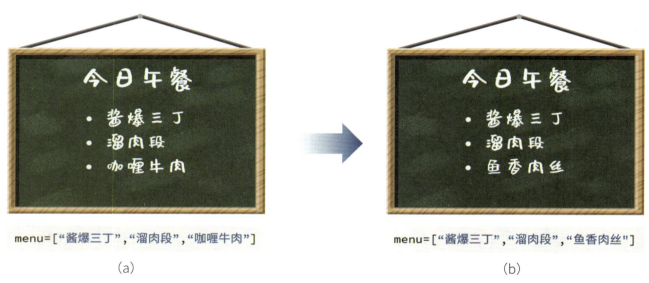

(a)　　　　　　　　　　　　(b)

图 8-3　给变量赋值

除了变量外，在编程时还要用到"函数"的概念。我们在数学课上学到的函数可能是类似 $y=ax+b$ 的形式，x 是自变量，y 是因变量，随着自变量的变化，因变量也会变化。程序里的函数和数学上的函数有点像，一般来说它有输入和输出，输入就相当于自变量 x，输出就相当于因变量 y。比如我们想看看食堂菜单上的第 3 个菜是什么，可以运行 print() 函数：

```
1    print(menu[2])
```

这个函数的输入是 menu 列表的第 3 个元素（是从 0 开始数的，0，1，2，…），输出是显示器上显示出来的第 3 个菜的名字"鱼香肉丝"。

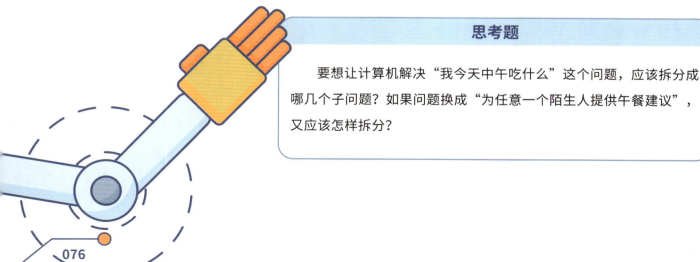

思考题

要想让计算机解决"我今天中午吃什么"这个问题，应该拆分成哪几个子问题？如果问题换成"为任意一个陌生人提供午餐建议"，又应该怎样拆分？

8.2 算法流程图

用自然语言表示算法

回到前面分析问题的这一步，我们将书籍推荐问题拆解成了若干个子问题，其中第一个问题是获取学生属性，这一步要怎么做呢？我们又得到了一些背景知识：学生在进入图书馆的时候需要刷学生卡，图书馆门禁会读取学生卡中存储的学号，而学号与院系、年级有一定的对应关系（表8-1），我们可以通过学号来判断学生的属性。

表 8-1 学号与院系、年级的对应关系

学号第 1~2 位：年级代码		学号第 3~4 位：院系代码	
数字	含义	数字	含义
24	大一	01	数学科学学院
23	大二	02	生命科学学院
22	大三	03	经济学院
21	大四	04	中文系

那么，我们就可以将获取学生属性的问题拆解成下面的步骤：

1. 获取学号；
2. 识别学生年级；
3. 输出学生年级；
4. 识别学生院系；
5. 输出学生院系。

用流程图表示算法

上面的步骤是用自然语言描述的，我们也可以把它画成算法流程图（图 8-4）：

算法流程图里的长方形代表某一个具体步骤，平行四边形代表数据的读取或存储，开始和结束用圆角矩形表示。

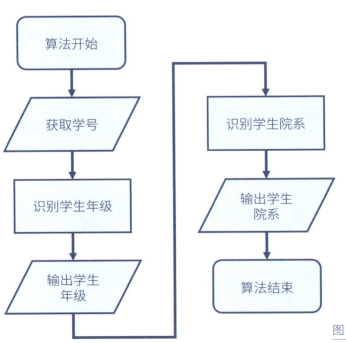

图 8-4 算法流程图

分支结构和循环结构

在上面的算法中,我们省略了一些步骤,比如"识别学生年级"和"输出学生年级"这两步,其实可以写成更详细的方式:

1. 当学号开头是"24"时,输出年级"大一";
2. 当学号开头是"23"时,输出年级"大二";
3. 当学号开头是"22"时,输出年级"大三";
4. 当学号开头是"21"时,输出年级"大四";
5. 当学号开头不是以上任何一种时,说明学号不正确。

如果画成图 8-5 的算法流程图,你会发现这里多了一种菱形符号,它代表判断,菱形符号会分出两条岔路,根据判断的结果决定程序继续执行哪条路下面的任务。这样的算法有很多分支,它被称作分支结构。

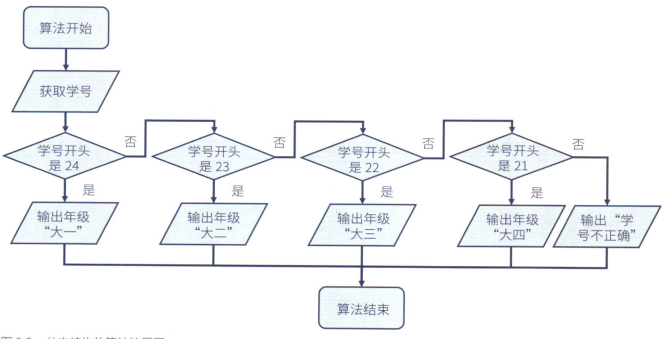

图 8-5 分支结构的算法流程图

还有的时候,我们可能需要判断多位学生的年级,算法的步骤是:

1. 获取学号;
2. 识别学生年级;
3. 输出学生年级;
4. 获取下一个学号;
5. 识别学生年级;
6. 输出学生年级
7. 获取下一个学号;
8. ……

这个过程有很多重复，在算法流程图里，我们可以用循环结构来表示，如图 8-6 所示。

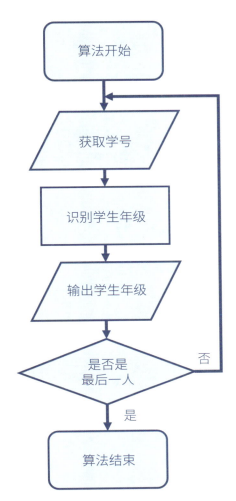

图 8-6　循环结构的算法流程图

> **思考题**
>
> 在本节提及的"获取学生属性"问题中，用分支结构的算法流程图形式表示出识别和输出学生院系的算法。

8.3 实践活动：编程入门

活动背景

在书籍推荐问题的子任务"获取学生属性"中，我们已经分解出了完成该任务的若干步骤，也了解了识别学生年级、院系时需要用到的分支结构算法和对应的算法流程图，现在就让我们用 Python 语言来编写程序，真正解决这个"获取学生属性"的问题吧！

活动目标

- 学习为变量赋值；
- 学习使用 print 函数；
- 初步了解字符串的切片；
- 使用 if 语句实现简单的分支结构。

任务描述

- 根据学号，获取学生的年级属性；
- 根据学号，获取学生的院系属性。

活动步骤

1. 准备：变量、字符串、print

a. 将一串学号数字赋值给 id 这个变量。我们在后续的工作中需要以字符串的形式来处理学号，所以要加上引号，表示它是字符串"2301046"，而不是数字"二百三十万一千零四十六"。

```
1  id="2301046"
```

b. 我们赋值成功了吗？用 print 函数打印出来看看。

```
2  print(id)
```

c. 为了不和其他 print 函数的输出弄混，我们修改一下这个语句，增加文字提示。括号里有两个对象，它们之间用逗号隔开了，第一个对象是字符串"学号："，第二个对象是变量 id。print 函数将按顺序打印出这两个对象。

```
3   print("学号: ",id)
```

d. 通过表 8-1，我们知道这个学号的前两位代表年级，可以用字符串切片的方式提取出前两位。方括号里有两个数字，用冒号分隔开，冒号前面的数字代表切片开始的位置，冒号后面的数字代表切片结束的位置，位置是从字符串的最开头算起的，每个字符的长度算作 1，如图 8-7 所示。

```
4   print(id[0:2])
```

图 8-7　字符串切片

e. 同样，我们为这个语句增加文字提示。

```
5   print("年级代码: ",id[0:2])
```

f. 请你自己修改代码，将学号中代表院系的数字切片显示出来。

```
6   print("_____代码: ",id[_:_])
```

2. 识别和输出学生年级

a. 判断年级代码是否等于 24，如果等于 24，将字符串"大一"赋值给变量 nianji，打印 nianji 的内容。注意，下面代码的第 2 行、第 3 行有向右的缩进，它们与第 1 行 if 语句并没有对齐，这表示只有满足 if 后面的条件，下面两行带缩进的语句才会被执行。前面我们已经给 id 赋值了"2301046"，那么下面两行带缩进的语句会被执行吗？

请你运行代码试试看。

```
8    if id[0:2]=="24":
9        nianji="大一"
10       print("该学生的年级是 ",nianji)
```

b. 如果年级代码不等于 24，程序要继续判断年级代码是否等于 23，如果等于 23，将字符串"大二"赋值给变量 nianji，打印 nianji 的内容。elif 语句没有缩进，它与前面的 if 语句是对齐的，当 if 后面的条件没有被满足时，程序将按顺序进入 elif 语句的分支，如果满足 elif 后面的条件，下面两行带缩进的语句才会被执行。

```
11  elif id[0:2]=="23":
12      nianji="大二"
13      print("该学生的年级是 ",nianji)
```

c. 请你用类似的方法，写出接下来的两个 elif 分支，判断年级代码是否等于 22 或 21。

```
14  elif id[0:2]="_____":
15      nianji="_____"
16      print("_____",_____)
17  elif id[0:2]="_____":
18      nianji="_____"
19      print("_____",_____)
```

d. 如果前面的条件都不满足，程序将进入 else 分支，这个分支包含所有其他情况。我们可以在这个分支让程序打印出一个错误提示。

```
20  else:
21      print("学号不正确！")
```

3. 识别和输出学生院系

请仿照步骤 2，参考表 8-1 的对应关系，写出识别和输出学生院系的代码。

```
23  if id[_:_]="_____":
24      yuanxi="_____"
25      print("该学生的_____是 ",yuanxi)
26  elif id[_:_]="_____":
27      yuanxi="_____"
28      print("_____",_____)
29  elif id[_:_]="_____":
30      yuanxi="_____"
31      print("_____",_____)
32  elif id[_:_]="_____":
33      yuanxi="_____"
34      print(="_____",_____)
35  else:
36      print("学号不正确！")
```

4. 程序的应用

下面是一些来访图书馆学生的学号，请利用你编写的程序来获取他们的年级和院系属性，填写在表 8-2 中。

表 8-2　来访学生属性

学号	年级	院系
2204088		
2102125		
2403001		
2304037		
2205121		

第 9 章
用经典路径实现的"人工智能"(上)

如果一台计算机只能按照人类设定好的规则机械地执行命令,它能被算作"人工智能"吗?在人工智能发展的早期,这个问题的答案是肯定的,只不过用这种经典路径能解决的问题局限在一些特定的领域,在这些领域中,预先编好的程序可以代替人类的工作。在第 9 章中,我们将了解其中一些有代表性的领域,并且利用自己的编程知识来尝试制作这样的"人工智能"。

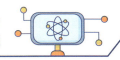

9.1 搜索与推理

搜索与推理的定义

搜索技术与逻辑推理是两个相对独立的技术，它们在人工智能解决问题的过程中扮演着极为关键的角色。甚至可以说，人工智能之所以有智能，就是因为搜索技术与逻辑推理赋予了它自行解决未知领域问题的能力。搜索与推理在解决问题的过程中是怎样起到作用的呢？我们以修水管的过程为例子来看一看。

大家可以想象一下，我们在修水管（图9-1）的过程中干的第一件事是什么呢？当然是寻找漏点，也就是到底哪段水管出了问题。在这一过程中，我们会根据已有的知识结合看到的情况来做判断，例如哪里摸起来会比较湿一点，或是哪个地方能看到有水流出来。在此基础上，我们会对问题做出一些判断与归纳：可能是接口松了，也有可能是某段水管出现了裂隙。最后，我们会针对不同的问题采取不同的措施：接口松了就拧紧一点，水管裂了就换一根新的水管或者用胶带缠一下。

在上述过程中，寻找漏点的过程即可看作搜索过程，而根据搜索到的已有情况与已经掌握的知识进行分析判断并进行决策属于推理。

图9-1　修水管

搜索的目标和范围

搜索技术的核心问题在于，要确定搜索的目标与搜索的范围。搜索目标很好理解，搜索的范围则不仅仅是指物理空间的范围，更是指网络空间的范围，甚至是抽象的知识概念的范围，我们一般称之为状态空间，即描述待解决问题的一些方法及属性所构成的集合。对于搜索水管漏点，搜索目标就是空间中的一个个具体的坐标点，但搜索范围的状态空间集合既包括点的空间位置，也包含诸如该点位是否是障碍物、是水管还是接口、是否出现问题等其他方面的描述。

逻辑推理的分类

当我们完成了有效的搜索后，便要进行逻辑推理判断，这是人工智能研究的核心问题。按照判断的途径，可以分为演绎推理、归纳推理、反绎推理。而我们一般采用演绎推理，因为这是一种从一般到个别的推理过程，与人类在做推理时的思维习惯相通。

知识卡片：归纳与演绎

归纳推理与演绎推理不仅仅用于计算机领域，在我们的日常生活学习中也经常用到，是逻辑学上的概念。演绎推理是从一般到特殊的推理，例如"人都会死，苏格拉底是人，苏格拉底会死"就是演绎推理。归纳推理是从特殊到一般的推理，需要我们根据观察到的经验，概括出事物的基本规律，例如"我见过的树和草都是绿色的，所以植物都是绿色的"就是归纳推理。

利用人工智能优化搜索与推理

由于人工智能系统以及其解决的问题的复杂性，我们需要利用已有信息进行一次次的搜索与一次次的推理。这一过程的关键是如何找到可用的知识、确定问题的推进路线，并以尽量小的代价更好地解决问题。因此，对于给定的问题，人工智能系统的行为一般是找到能够到达所希望目标的合理动作序列，并尽量减少代价、优化性能。搜索就是找到人工智能系统动作序列的过程，推理就是利用已搜索到的知识进行判断的过程。比如在移动机器人或多自由度机械臂的路径规划中，我们常用的寻路算法便会根据已知的起点、终点信息作为基础和目标，不断搜索周遭环境，带回新的信息。以此作为依据结合相应的算法进行有效推理，最终就能确定出一条相对优化的路线。

思考题

1. 假设一段水管有 A、B、C、D、E 五个可能的漏点，请结合第 8 章学过的知识，画出寻找水管漏点的算法流程图。
2. 演绎推理和归纳推理的结论一定完全正确吗？在什么情况下，它们的结论是正确的？

9.2 专家系统

专家系统的先驱：MYCIN

搜索与推理赋予了计算机一定程度的智能，但仅有逻辑推理是不够的，人类的智能还有很大一部分来自经验和知识。要想让计算机拥有这种来自知识的智能，就要研究知识的表示、推理和应用，将大量知识收集在一起，形成知识库，利用知识工程领域的技术开发专家系统。

专家系统的先驱是 1977 年斯坦福大学开发的 MYCIN，它是一套医学专家系统，能够帮助医生诊断感染病原体，并且给出合理的用药建议。从图 9-2 中可以看出，MYCIN 专家系统的核心包含两个结构：知识库和推理机。知识库由 600 多条规则组成，这些规则一般是"如果 A 和 B，那么 C"这样的形式，由医学专家提供；推理机利用知识库的规则完成逻辑推理，得出合理的诊断。专家系统利用用户交互界面和普通的医生用户沟通，医生将病人的情况输入给专家系统，专家系统输出诊断建议和解释。

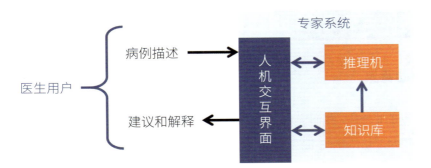

图 9-2　MYCIN 专家系统的结构

专家系统的局限

在 20 世纪 70 年代至 90 年代，知识工程与专家系统蓬勃发展，在一些领域有了成功的商业应用。然而，随着技术的进步，人们对人工智能的期待也在不断提升，传统的专家系统难以变得"更智能"，人们发现它有许多局限。

一方面，专家系统是一种自上而下的知识工程应用，严重依赖工程师和专家的干预，一旦知识库需要更新，就要耗费大量人力，维护成本非常高，而且知识的总量受到人力限制，无法达到更大的规模。

另一方面，不是所有的知识都能写成"如果 A 和 B，那么 C"的形式，在有些领域，人类做出判断依靠的是难以表达的隐含知识，这些领域就很难应用专家系统。最适合专家系统的，还是像医学诊断这样规则明确、边界清晰、应用封闭的场景。

知识工程的延续

虽然专家系统的应用进入低谷，但知识工程本身的研究并没有停止，毕竟无论是怎样的人工智能，都需要经验和知识的支持。在自然语言处理、智能推荐、智能搜索等场景下，知识工程仍然作为人工智能的一部分大显身手。

大数据时代下，知识的大规模自动化获取成为可能，知识工程不再自上而下地依靠专家的人工贡献，而是自下而上地自动挖掘。新时代的知识工程，正以远超原有规模的"知识图谱"这样崭新的面貌出现在我们眼前。

> **思考题**
>
> 请你想一想，我们在做哪些判断的时候一般不使用"如果……那么……"的规则？

9.3 实践活动：图书馆书籍推荐

活动背景

在上一章，我们引入了图书馆书籍推荐问题，你作为大学图书管理员，需要为来访的学生推荐书籍。在上一章的实践活动中，我们已经完成编写程序，通过学号获取了学生的年级属性和院系属性，接下来就让我们使用与专家系统类似的思路，编写一个书籍推荐程序吧！

任务描述

- 获取学生的年级属性，根据知识库中的规则，推荐合适的书籍；
- 获取学生的院系属性，根据知识库中的规则，推荐合适的书籍。

活动步骤

1. 根据学生年级推荐书籍

a. 表 9-1 是分年级推荐书单，我们需要以它为基础建立知识库。知识库由"如果……那么……"形式的一条条规则组成，因此表中第二行可以表述成：如果学生的年级是大一，那么为学生推荐《平凡的世界》。

表 9-1 分年级推荐书单

年级	推荐书目
大一	《平凡的世界》
大二	《百年孤独》
大三	《乡土中国》
大四	《资本论》

b. 请写出知识库中其余几条规则：

如果 _____，

那么 _____。

如果 _____，

那么 _____。

如果 _____，

那么 _____。

c. 开始编写推理机程序。在 8.3 编写的"获取学生属性"程序中，我们已经将学生的年级属性和院系属性分别存储在 nianji 和 yuanxi 变量里，接下来可以继续利用分支结构来推荐书籍。请你补全下面的代码：

```
1  nianji="大二"
2  yuanxi="数学科学学院"
3
4  if nianji=="大二":
5      print("为学生推荐《平凡的世界》")
6  elif nianji=="_____":
7      print("_____")
8  elif nianji=="_____":
9      print("_____")
10 elif nianji=="_____":
11     print("_____")
```

2. 根据学生院系推荐书籍

a. 表 9-2 是分院系推荐书单，我们需要以它为基础建立知识库。知识库由"如果……那么……"形式的一条条规则组成。

表9-2 分院系推荐书单

年级	推荐书目
数学科学学院	《哥德尔、埃舍尔、巴赫——集异璧之大成》
生命科学学院	《瓦尔登湖》
经济学院	《枪炮、病菌与钢铁》
中文系	《四书集注》

b. 请写出知识库中的规则：

如果 _____ ，

那么 _____ 。

如果 _____ ，

那么 _____ 。

如果 _____ ，

那么 _____ 。

如果 _____ ，

那么 _____ 。

c. 开始编写推理机程序。请你仿照步骤1的方式编写程序，根据学生院系用分支结构来推荐书籍。

3. 程序的应用

下面是一些来访图书馆学生的学号，请利用你编写的程序来用两种不同方式推荐书籍，填写在表9-3中。

表9-3 来访学生书籍推荐

学号	根据年级推荐书籍	根据院系推荐书籍
2204088		
2102125		
2403001		
2304037		
2205121		

拓展活动

除了分支结构外，还可以将推荐书单存储在一个二维列表中，用循环结构来实现根据不同年级和院系划分的书籍推荐。请你运行下面的代码，思考它的运行原理，画出算法流程图。

```
1   nianji="大二"
2   yuanxi="数学科学学院"
3
4   booklist=[
5       ["大一","大二","大三","大四","数学科学学院","生命科学学院","经济学院","中文系"],
6       ["《平凡的世界》","《百年孤独》","《乡土中国》","《资本论》","《哥德尔、埃舍尔、巴赫——集异璧之大成》","《瓦尔登湖》","《枪炮、病菌与钢铁》","《四书集注》"],
7       ]
8
9   i=0
10  for property in booklist[0]:
11      if property==nianji or property==yuanxi:
12          print("为学生推荐",booklist[1][i])
13      i=i+1
```

第 10 章
用经典路径实现的"人工智能"(下)

在经典路径中,计算机使用知识和推理解决问题,在一定程度上实现了智能效果。在第 10 章中,我们将继续沿着这条路前进,了解在经典路径上更多的人工智能实例。我们将通过一个北京地铁寻路问题,学习各类搜索算法;我们还将通过一个地铁乘坐时间问题,初步理解模型和预测的概念,这两个概念在后面几章中将起到重要的作用。

10.1 寻路问题

寻路问题和搜索算法

北京地铁四通八达，有数十条线路，在北京城区，很多人会优先选择地铁出行。不过，地铁的发展也带来了一个问题：线路越多，线路图看起来就越复杂，有时候对着一张地铁线路图，我们往往要仔细研究一番才知道要坐哪几条线、在哪里换乘才能到达目的地。好在有地图软件帮助我们：输入起点站和终点站，它就会告诉我们有哪几种换乘方案，而且还会告诉我们哪种是最快的。

地铁换乘问题实际上是一个寻路问题，我们给人工智能提供一张地铁图，图上标注了每两站之间的站间距，如图 10-1 所示，并且告诉人工智能我们的起点和终点（例如从**惠新西街南口**到**南锣鼓巷**）；人工智能需要找到从起点到终点的路径，当然这样的路径可能有很多条，我们希望它找到的是最短的那一条。

图 10-1　北京地铁线路图
（局部，黑色圆圈表示换乘站，灰色文字表示换乘站之间的站间距）

地铁线路图是真实世界的一个模型，可以看作一种抽象的知识，而要想利用这些知识推理出合适的地铁换乘路径，就要利用搜索算法。我们在第 9 章对搜索已经有了初步了解，接下来我们就来看看它具体是怎样起作用的。

深度优先搜索和广度优先搜索

为了表示搜索的过程，我们除了地铁线路图外，还需要画一棵"搜索树"，如图 10-2 所示。最上面的节点相当于树根，也就是搜索的起点。在地铁寻路问题中，它代表我们从**惠新西街南口**出发准备开始搜索的状态。接下来要探查从**惠新西街南口**可以去哪里，如果仅考虑图 10-1 中用黑色圆圈表示的换乘站，我们发现可以去**北土城**和**雍和宫**两个站，于是**惠新西街南口**下面增加了两个子节点：**北土城**和**雍和宫**。我们从第二层两个子节点里选择**北土城**继续搜索，发现从**北土城**可以去**惠新西街南口**和**鼓楼大街**两个换乘站，于是**北土城**下面增加了第三层两个子节点：**惠新西街南口**和**鼓楼大街**。这两个子节点都不是我们的终点**南锣鼓巷**，所以还要继续探索。

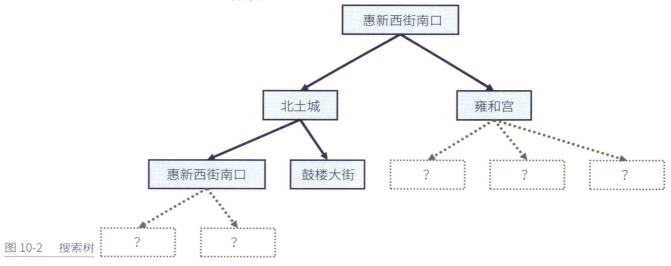

图 10-2　搜索树

如果要继续探索，接下来摆在我们面前的是两种思路：

一种思路是探索第四层，也就是**惠新西街南口**或**鼓楼大街**再下一层的子节点；另一种思路是探索第三层还没探索完的地方，也就是与**北土城**平级的**雍和宫**的子节点。

这其实代表了两种搜索策略。一种是深度优先搜索：优先探索更深的节点，等它到达最深的节点无法继续前进时，再后退到上一层，去探索其他节点。在我们的地铁寻路问题中，如果直接采用深度优先搜索，会很快出现问题：从第二层的**北土城**开始，我们探索它的子节点**惠新西街南口**（第三层），**惠新西街南口**有两个子节点**北土城**和**雍和宫**，它们在第四层，那么我们应该进入第四层的**北土城**，**北土城**的子节点又是**惠新西街南口**和**鼓楼大街**……这样一来，搜索就出现了无限循环，永远得不到结果，如图 10-3 所示。因此深度优先搜索在实际应用时，往往还要加一些限制条件来避免这种现象的发生。

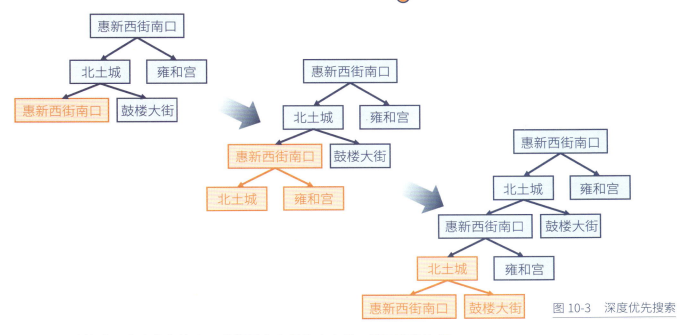

图 10-3 深度优先搜索

另一种策略是广度优先搜索，我们探索完根节点之后，接下来依次探索根节点的每个子节点，也就是第二层的**北土城**和**雍和宫**，得到第三层 5 个子节点**惠新西街南口**、**鼓楼大街**、**惠新西街南口**、**鼓楼大街**、**北新桥**，接下来再探索这 5 个第三层子节点，得到 12 个第四层子节点，其中出现了我们的终点**南锣鼓巷**，搜索结束，如图 10-4 所示。不难看出，只要存在从起点到终点的路线，广度优先搜索就一定能帮我们找到它，不过在找到最终的路线之前，我们需要保存每一层每一个节点的信息以备不时之需，而且这些需要保存的数据是随着层数增加而指数级增加的，这对我们的计算机内存来说是个不小的挑战。

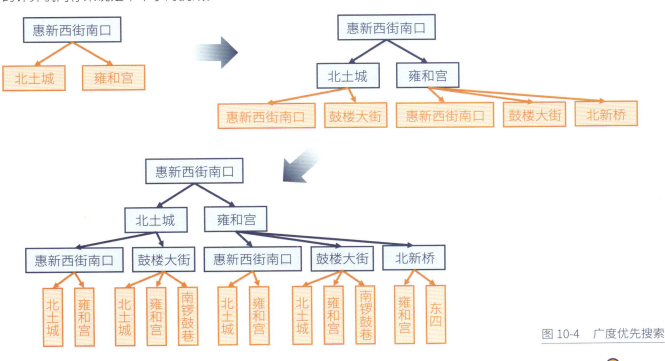

图 10-4 广度优先搜索

启发式搜索

无论是使用深度优先搜索还是广度优先搜索，我们都好像是在探索地图的一角，而地图的其他地方似乎都隐藏在浓雾之中，需要一步一步驱散浓雾才能了解地图全貌。要是有办法在任何时候都能全局查看地图，一定能更快地找到路线吧！

这样的办法其实相当于增加了一些信息，有了这些额外信息，我们就能使用"启发式搜索策略"，它与前面的深度优先、广度优先搜索都不一样。一种常用的启发式搜索是贪心最佳优先搜索，我们来看看它是如何帮助我们寻路的。

为了方便寻路，现在我们增加了一些额外信息。原先我们只知道站间距，也就是地铁列车实际要走的路程，现在我们增加的信息是各地铁站距离终点的直线距离（图10-5、表10-1）。直线距离和地铁路程有一定的关系，又不完全一致，可以辅助我们判断节点距离终点的远近。

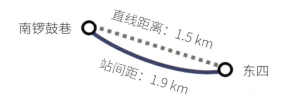

图10-5　站间距和直线距离的区别

表10-1　地铁站距离终点南锣鼓巷的直线距离

站名	距离南锣鼓巷的直线距离 /km
惠新西街南口	4.9
北土城	4.9
鼓楼大街	1.8
雍和宫	1.9
北新桥	1.3
东四	1.5

我们还是从起点**惠新西街南口**开始。通过探索，我们发现**惠新西街南口**有两个子节点**北土城**和**雍和宫**。这两个子节点中，我们优先探索哪一个呢？这里就要用到我们额外得到的直线距离信息了。我们发现**雍和宫**和终点**南锣鼓巷**之间的直线距离比**北土城**和**南锣鼓巷**之间的直线距离更近，姑且可以认为**雍和宫**更接近终点，因此接下来优先探索**雍和宫**的子节点。**雍**

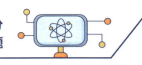

和宫有三个子节点：**惠新西街南口**、**鼓楼大街**、**北新桥**，其中**北新桥**和**南锣鼓巷**之间的直线距离更近，因此接下来优先探索**北新桥**的子节点。**北新桥**有两个子节点：**雍和宫**和**东四**，其中**东四**和**南锣鼓巷**之间的直线距离更近，因此接下来优先探索**东四**的子节点。**东四**有两个子节点：**北新桥**和**南锣鼓巷**，**南锣鼓巷**是我们的终点，路径找到了，我们可以以**惠新西街南口**－**雍和宫**－**北新桥**－**东四**－**南锣鼓巷**的路径，完成从起点到终点的旅行。

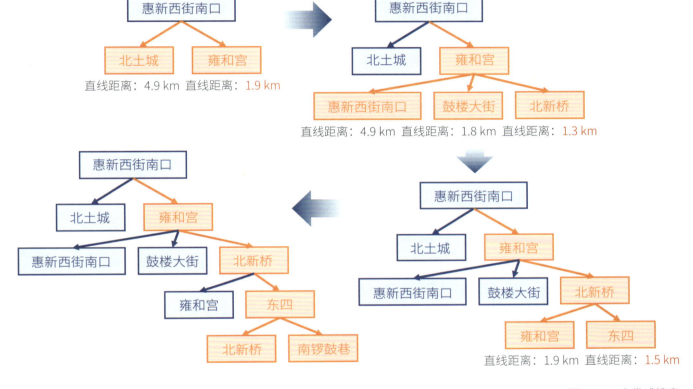

图 10-6　启发式搜索

　　因为每一次做选择的时候，我们都贪心地选择了离终点更近的子节点，所以这种搜索策略叫作贪心法。不过，贪心法并不是总能帮我们找到最短的路径，实际上**惠新西街南口**－**北土城**－**鼓楼大街**－**南锣鼓巷**的路径要比我们前面找到的这条更短！

> **思考题**
>
> 如何使用贪心法寻找从北土城出发前往南锣鼓巷的地铁路线？请画出搜索树。

10.2 线性回归

相关性

寻路问题的条件是确定的，地铁线路图和站间距在一段时间内不会发生变化，而我们有时候还想让人工智能解决一些拥有不确定性的问题。比如，上一节我们找到了一条从**惠新西街南口**到**南锣鼓巷**的路线：**惠新西街南口－雍和宫－北新桥－东四－南锣鼓巷**，那么我们按照这条路线乘坐地铁要花多长时间呢？虽然地铁列车有设计时速，但预测乘坐时间可没有"路程÷时速"这么简单：前一列地铁的位置、乘客上下车花费的时间、换乘的走路速度、站台等候的时间等等，都会影响到最终花费的时间，而这些影响因素基本都有很大的不确定性。

我们在第 2 章提到过，人工智能的发展需要数学知识，现在我们就要了解一点统计学了。

真实生活中的地铁图不会像图 10-1 那样标出站间距，要想知道某条路线花多长时间，最方便的办法是根据乘坐的站数来估计，一般来说，坐的站数越多，花的时间就越长，**惠新西街南口－和平西桥－和平里北街－雍和宫－北新桥－张自忠路－东四－南锣鼓巷**，这条路线算上非换乘站一共要坐 7 站。表 10-2 是一些地铁乘坐数据，可以发现，这里的数据都是一对一对的，每一对包含一个站数的数据（变量 x）和一个乘坐时间的数据（变量 y）。

表 10-2 地铁乘坐数据

起终点	经由线路	站数	乘坐时间 / min
团结湖－中关村	10 号线、4 号线	15	38
海淀黄庄－青年路	4 号线、6 号线	16	50
芍药居－朝阳门	13 号线、2 号线	5	22
中国美术馆－国贸	8 号线、1 号线	6	20
工人体育场－立水桥南	17 号线、10 号线、5 号线	9	35
四惠东－环球度假区	1 号线	13	36
方庄－北京南站	14 号线	4	12
苏州街－北京西站	4 号线、9 号线	11	32
北土城－望京东	8 号线、15 号线	8	29
北京大学东门－前门	4 号线、2 号线	14	36

我们把这些数据画在平面直角坐标系上，横坐标是站数，纵坐标是乘坐时间，就得到了地铁乘坐数据的散点图（图10-7）。从散点图可以看出，这些数据点大致落在一条从左下角到右上角的直线附近，表明随着乘坐站数的增加，乘坐时间也有增加的趋势，这两个变量之间存在某种相关性。

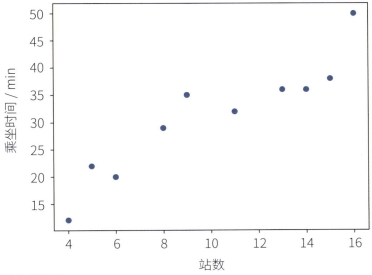

图 10-7　地铁乘坐数据散点图

模型和预测

现在我们拥有了一些地铁乘坐数据，也观察了这些数据的基本特征，接下来要怎样利用这些数据来预测一条新路线的乘坐时间呢？

假如这些数据点都在同一条直线上，那么只要找到这条直线的函数 $y=bx+a$，就可以计算出每一个站数 x 对应的乘坐时间 y 了。可惜我们的数据点并没有落在同一条直线上，它们只是分布在一条直线附近。不过，我们还是可以画出这条直线 $y=bx+a$（图10-8），它仍然可以帮我们做出预测，只不过计算出的乘坐时间 y 是一个**预测值**，实际值不一定等于这个预测值，可能会有一些**误差**。

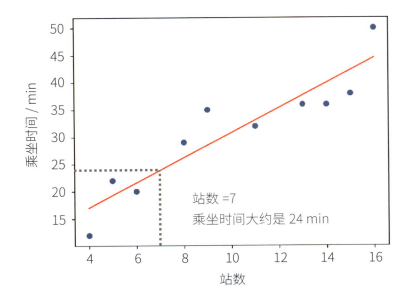

图 10-8　利用模型预测乘坐时间

实际上，通过画出这条直线，我们建立了一个站数 x 和乘坐时间 y 之间的统计模型。很多时候，人工智能的工作就是建立这样的模型，帮助人们做出预测。当然，实际应用中的模型远比一条直线复杂！

线性回归

那么到底要怎样找到这条直线呢？有人会选取其中两个数据点，过这两个数据点做直线；有人会整体观察这些数据点，肉眼估测着画出一条居中的直线。不过哪条直线是最合适的、最能反映这一组数据点和这两个变量之间的关系，需要一个评价标准。我们可以用每个数据点到直线的距离来评价，如图 10-9 所示。所有距离之和越小，就说明误差越小，直线就越能反映两个变量之间的关系。

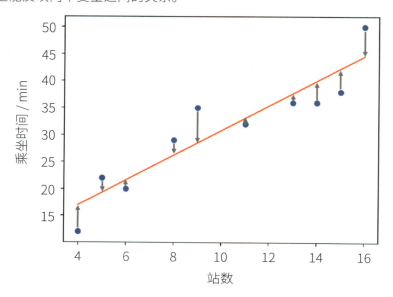

图 10-9　数据点到直线的距离

使误差最小的直线 $y = bx + a$ 可以通过"最小二乘法"来计算，得出的结果是：

$$\hat{b} = \frac{\sum_{i=1}^{n}(x_i - \bar{x})(y_i - \bar{y})}{\sum_{i=1}^{n}(x_i - \bar{x})^2}$$

$$\hat{a} = \bar{y} - \hat{b}\bar{x}$$

其中 $\hat{b}$ 和 $\hat{a}$ 叫作 b、a 的最小二乘估计，$\bar{x}$ 和 $\bar{y}$ 代表所有数据 x_i 和 y_i 的平均数，$\sum_{i=1}^{n}$ 是求和符号，意思是将每一个数据点的数据代入它后面的式子之后再相加，例如

$$\sum_{i=1}^{n}(x_i - \bar{x})(y_i - \bar{y})$$ 即

$$(x_1 - \bar{x})(y_1 - \bar{y}) + (x_2 - \bar{x})(y_2 - \bar{y}) + \ldots + (x_n - \bar{x})(y_n - \bar{y})$$

这样得到的 $\hat{y} = \hat{b}x + \hat{a}$ 称为经验回归方程，将我们需要预测乘坐时间的站数 x 代入经验回归方程，就能计算出预测乘坐时间 $\hat{y}$。如果我们告诉人工智能计算 $\hat{b}$ 和 $\hat{a}$ 的公式，人工智能就可以利用所有数据做计算，得到经验回归方程形式的统计模型，从而帮我们做出预测。

当然，除了公式外，还有更多的方法来让人工智能计算出统计模型，这些方法或许效率更高，或许更适合人工智能使用，在后面的章节我们会一一学习。

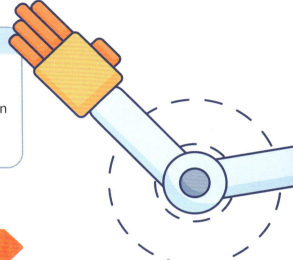

> **思考题**
>
> 根据图 10-8，当站数 =7 时，乘坐时间大约是 24 min。
>
> 如果我们乘坐一条 7 站的地铁路线，花费的时间一定是 24 min 吗？为什么？

10.3 实践活动：回归预测初体验

活动背景

在 10.2 中，我们已经了解了如何利用已有的地铁乘坐数据来预测一条新路线的乘坐时间，并且知道了如何利用公式计算经验回归方程，现在就让我们编写程序，计算出站数与乘坐时间关系的统计模型吧！

活动目标

- 初步尝试使用 Matplotlib 库绘图；
- 学习 while 语句的使用方法。

任务描述

- 将地铁数据绘制成散点图；
- 利用已有数据，计算站数与乘坐时间关系的经验回归方程；
- 绘制相应的经验回归直线；
- 利用经验回归方程，预测 10.1 中得出的地铁路线的乘坐时间。

活动步骤

1. 准备： 本次实践我们需要用到 Python 的 Matplotlib 和 NumPy 两个库，其中 Matplotlib 可以帮我们实现一些绘图功能，NumPy 可以帮我们实现一些数学运算。使用下面代码加载库：

```
1  import matplotlib.pyplot as plt
2  import numpy as np
```

2. 数据初步处理

a. 将站数和乘坐时间分别保存在名为 x 和 y 的一维列表变量中，顺序一一对应。

```
4  x = [15,16,5,6,9,13,4,11,8,14]
5  y = [38,50,22,20,35,36,12,32,29,36]
```

b. 绘制并显示散点图，观察数据分布规律。

```
6  plt.scatter(x, y)  # 绘制散点图
7  plt.show()  # 显示图像
```

c. 分别用 xmean 和 ymean 代表 $\bar{x}$ 和 $\bar{y}$，用 NumPy 库的 mean 函数计算 $\bar{x}$ 和 $\bar{y}$，用 print 函数查看 xmean 和 ymean 的值。

```
9   xmean = np.mean(x)
10  ymean = np.mean(y)
11  print(xmean, ymean)
```

3. 计算经验回归方程

a. 计算公式中的两个求和：

用变量 sum1 存储 $\sum_{i=1}^{n}(x_i-\bar{x})(y_i-\bar{y})$ 的值，用变量 sum2 存储 $\sum_{i=1}^{n}(x_i-\bar{x})^2$ 的值。使用循环结构，从第 1 个数据点 *i=1* 开始，到第 10 个数据点 *i=10* 结束，每次循环在上次得到的 sum1 或 sum2 基础上加上 $(x_i-\bar{x})(y_i-\bar{y})$ 或 $(x_i-\bar{x})^2$。这里我们会用到 while 语句，它和上一章用过的 for 语句一样，可以实现循环结构。while 后面是一个判断条件，每次循环开始之前，程序都会先进行一次判断，如果满足条件，就会进入后面的执行语句。

```
13  i = 1  # 设定 i 的初始值，从 1 开始
14  sum1 = 0  # 将 sum1 的初始值设置为 0
15  sum2 = 0  # 将 sum2 的初始值设置为 0
16
17  while i <= 10:  # 进入循环前，先判断目前所在的是第几个数据点，一共有 10 个数据点，即将进入的是第 i 个数据点（也就是第 i 次循环），只要还在前 10 个数据点就可以进入循环，超过 10 就结束循环
18      sum1 = sum1+(x[i-1]-xmean)*(y[i-1]-ymean)  # 第 i 个数据点在列表 x、y 中对应的元素是 x[i-1] 和 y[i-1]（列表索引是从 0 开始的，所以要减 1，和我们一般的计数习惯不同）
19      sum2 = sum2+(x[i-1]-xmean)*(x[i-1]-xmean)  # 同上，用乘法实现平方的计算
20      i += 1  # 每次循环之后 i 在原基础上增加 1，表示我们完成了第 i 个数据点的运算，接下来要回到 while 的地方计算下一个数据点
```

b. 计算 $\hat{b}$ 和 $\hat{a}$ 的值：分别用变量 bhat 和 ahat 代表 $\hat{b}$ 和 $\hat{a}$，根据公式利用上一步得到的 sum1 和 sum2 计算：

$$\hat{b} = \frac{\sum_{i=1}^{n}(x_i-\bar{x})(y_i-\bar{y})}{\sum_{i=1}^{n}(x_i-\bar{x})^2} = \frac{\text{sum1}}{\text{sum2}}$$

$$\hat{a} = \bar{y} - \hat{b}\bar{x}$$

```
22  bhat = sum1/sum2  # 利用公式计算 bhat
23  ahat = ymean-bhat*xmean  # 利用公式和 bhat 计算 ahat
24  print(ahat,bhat)  # 查看 ahat 和 bhat 的值
```

4. 绘制经验回归直线

a. 我们使用 Matplotlib 库的 plot 函数来绘制经验回归直线，这个函数的原理是输入一系列点的坐标，程序用线段将相邻的点连接起来。我们需要绘制一条直线，那么只要有一头一尾两个点就能画出满足需求的线段了，而且这两个点不能是我们的 10 个原始数据点，因为它们分布在直线附近，却不一定恰好落在直线上。想要画线，需要从经验回归直线上取两个新的点，我们用变量 x2 和变量 y2 来表示它们的坐标。

```
26  x2 = np.linspace(4,16,2)  # 生成两个画线点的 x 坐标
    x2，括号里的参数表示 x 坐标最小值是 4，最大值是 16，一共
    生成 2 个值
27  y2 = bhat*x2+ahat  # 根据两个画线点的 x 坐标，计算它们
    的 y 坐标 y2
```

b. 根据生成的画线点坐标 x2 和 y2 绘制并显示经验回归直线。

```
29  plt.plot(x2,y2)  # 绘制直线
30  plt.show()  # 显示图像
```

5. 根据回归方程预测地铁乘车时间： 我们需要预测的**惠新西街南口—南锣鼓巷**路线一共有 7 站，也就是 $x=7$，将其代入经验回归方程

$$\hat{y} = \hat{b}x + \hat{a}$$

即可得到乘车时间的预测值 $\hat{y}$。你计算出的预测乘车时间是 _____ min。

```
32  yhat = bhat*7+ahat
33  print(yhat)
```

拓展活动

按照上面步骤得出的图像比较简单朴素，我们还可以增加一些描述图像颜色、坐标轴标签的语句，让图像变得更美观易懂。请参考下面的语句，修改你的代码。

```
1  plt.rcParams["font.sans-serif"] = ["SimHei"]  #
   使生成的图片能正常显示汉字
2  plt.plot(x2,y2,color = "red")  # 画出红色的线
3  plt.xlabel(" 站数 ")  # 设置 x 轴标签
4  plt.ylabel(" 乘坐时间 / min")  # 设置 y 轴标签
```

第11章
让计算机自己学习

在前面几章，我们了解了一些利用经典路径实现的人工智能，其中包括像线性回归这样的例子：为真实世界建立模型，再利用模型预测真实世界的状态。真实世界是复杂的，一个能做出较为精确的预测的模型往往也是复杂的，如何在经典路径基础上另辟蹊径，让计算机能更"聪明"地处理这些复杂的模型，是本章要解决的问题。

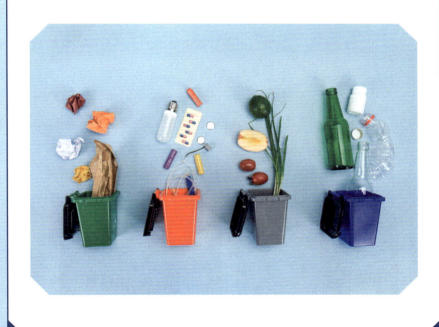

11.1 机器学习

什么是机器学习

在上一章的最后,我们成功建立了一个地铁乘坐时间与站数关系的线性回归模型:输入站数数据,模型会输出乘坐时间的预测值。这个模型可以用 $\hat{y} = \hat{b}x + \hat{a}$ 这样的经验回归方程来表示,其中 $\hat{b}$ 和 $\hat{a}$ 两个参数是用最小二乘法得出的公式计算出来的。我们在让计算机计算线性回归模型时,除了提供了所有的数据外,还为它提供了计算 $\hat{b}$ 和 $\hat{a}$ 的公式。

然而,不是所有数据的模型都可以用最小二乘法这样简单明确的方法计算出来。有些变量之间的关系是非线性的,有些数据不符合正态分布,这些情况都会影响线性回归模型预测的准确性。我们当然可以用更多的规则和公式来建立比线性回归更复杂的模型,但是当模型变得更加复杂时,人工调试的步骤也会变得更加烦琐。如果把建立模型的工作也交给计算机,让它直接从数据中寻找规律,应该会为我们省去很多麻烦,这就是**机器学习**的理念。通过数据来寻找规律的过程称为"学习",人工智能通过已知的数据进行学习得到对应模型,再将模型应用在新数据上得出预测结果。

提取特征

计算机是用数据来学习的,那么什么样的数据才适合它学习呢?

我们来看一个例子。

假如你是一名植物分类爱好者,在你家附近有三种鸢尾花(图 11-1):山鸢尾(*Iris setosa*)、变色鸢尾(*Iris versicolor*)和弗吉尼亚鸢尾(*Iris virginica*),它们的外表略有差别,你可以通过形态来辨认它们。现在你要"教会"人工智能辨认不同种鸢尾花的方法,要给它什么样的数据呢?

(a) 山鸢尾

(b) 变色鸢尾

(c) 弗吉尼亚鸢尾

图 11-1　三种鸢尾花　(图片来源:nwplants.com、ipmimages.org、forestryimages.org)

你可能首先会想到照片——既然三种鸢尾花的形态有差别，那么用照片应该就能辨认出来。不过我们在第 5 章中学习过，要想把图片表示成人工智能能"看懂"的样子，需要先把图片分成一个一个像素点，每个像素点再用三个通道 24 比特的信息来表示颜色。且不说切成一块一块的鸢尾花照片能不能用来学习，光是一张图片的数据量恐怕就是以 MB 计算的，运算起来一定需要大量的资源，我们暂时先不选它，看看有没有别的方法。

为了给计算机减轻一些负担，我们再来研究一下鸢尾花本身。鸢尾花是紫色的，看起来好像有 6 片"花瓣"，不过从植物学上来讲，中央 3 片比较小的才是真正的花瓣，周围 3 片比较大的是花萼，如图 11-2 所示。根据花朵形态来辨认不同的种，其实主要就是看花瓣和花萼的形态：变色鸢尾的花瓣和花萼都比山鸢尾更长一些。

图 11-2　鸢尾花的结构（图片来源：nwplants.com）

了解了这些，我们就可以用尺子人工测量鸢尾花花瓣和花萼的长和宽，把它作为数据，提供给人工智能去学习。每一朵具体的花经过人工测量，变为了抽象的 4 个数字：花萼长、花萼宽、花瓣长、花瓣宽，它们是一朵鸢尾花的特征，测量的过程叫作**特征提取**。

表 11-1　鸢尾花数据集（节选）

序号	花萼长 /cm	花萼宽 /cm	花瓣长 /cm	花瓣宽 /cm	分类
0	5.1	3.5	1.4	0.2	0
1	4.9	3	1.4	0.2	0
2	4.7	3.2	1.3	0.2	0
……省略 3~48 行……					
49	5	3.3	1.4	0.2	0
50	7	3.2	4.7	1.4	1
……省略 51~98 行……					

表 11-1 （续）

序号	花萼长 /cm	花萼宽 /cm	花瓣长 /cm	花瓣宽 /cm	分类
99	5.7	2.8	4.1	1.3	1
100	6.3	3.3	6	2.5	2
……省略 101~148 行……					
149	5.9	3	5.1	1.8	2

监督学习和无监督学习

提取好特征之后，就可以开始让机器学习了。我们手上的鸢尾花数据集（表 11-1）有 150 行，每一行对应一朵真实的花，其中前 4 列是提取出的特征（花萼长、花萼宽、花瓣长、花瓣宽），最后一列是代表分类的数字，不同的数字对应不同的物种，0、1、2 分别对应山鸢尾、变色鸢尾和弗吉尼亚鸢尾。

我们要让人工智能通过学习，为鸢尾花特征与分类之间的关系建立模型：向模型输入特征，模型输出分类，最终目标是对于一朵新的未知种类鸢尾花，能用测量出的特征数据预测出花朵的分类。

这个任务可以用机器学习中的一种方法——**监督学习**来实现。在监督学习中，我们把所有的数据分成两部分，一部分叫"训练集"，一部分叫"测试集"。人工智能利用训练集的数据计算出模型，我们再用测试集的数据去测试它。测试就相当于让人工智能参加一次考试，我们不告诉它花朵分类的正确答案，让它根据特征数据用模型预测花朵分类，再把它的预测结果和测试集的"正确答案"比较一下，看看特征正确率如何。如果正确率符合我们的要求，模型就通过了测试；如果正确率不够高，就说明模型还不够好，不足以通过测试。可见，监督学习中的"监督"是由人类设计的，具体来说是来自测试集"正确答案"的监督。

要想使用监督学习的方法，需要我们准备大量包含"正确答案"的数据，这会耗费大量的人力，成本比较高。因此，有些研究者想到了另一个方向：让人工智能利用没有"正确答案"的数据来学习，也就是**无监督学习**。当然，实现无监督学习要比监督学习困难得多！

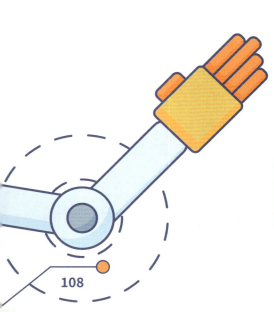

> **思考题**
>
> 训练集和测试集的数据可以重复吗？为什么？

11.2 分 类 器

分类与回归

用监督学习解决的问题主要可以分成两类：**分类**与**回归**。分类比较好理解，我们在前面讨论的鸢尾花辨认任务就属于一种分类任务：向模型输入特征（花瓣和花萼的长、宽），模型输出分类的预测值（鸢尾花的物种）。回归任务则可以用上一章的地铁乘坐时间预测任务来解释：向模型输入特征（站数），模型输出预测值（乘坐时间）。

分类任务和回归任务的根本区别在于输出的预测值的形式。回归任务输出的预测值是连续的，乘坐时间可能是 24 分钟，也可能是 23.9 分钟、24.1 分钟，有无数种取值可能。而分类任务输出的预测值是离散的，只有有限的几个取值选项，一朵未知的鸢尾花要么是山鸢尾，要么是变色鸢尾，要么是弗吉尼亚鸢尾，绝不可能有"一半山鸢尾一半变色鸢尾"这样模棱两可的中间取值。能完成分类任务的模型可以称作一个**分类器**。

线性分类

接下来我们就来看看鸢尾花分类任务具体要怎样做。为了方便理解，我们将表 11-1 简化为表 11-2，只包含两个特征（花萼长、花萼宽）和分类的两个取值（也叫标签）。

表 11-2　鸢尾花数据集（节选、简化）

序号	花萼长 /cm	花萼宽 /cm	分类
0	5.1	3.5	0
1	4.9	3	0
2	4.7	3.2	0
……省略 3~48 行……			
49	5	3.3	0
50	7	3.2	1
……省略 51~98 行……			
99	5.7	2.8	1

以花萼长为横坐标、花萼宽为纵坐标，将表 11-2 的数据画在平面直角坐标系上，并且用不同颜色的点来表示不同的分类，可以得到图 11-3。

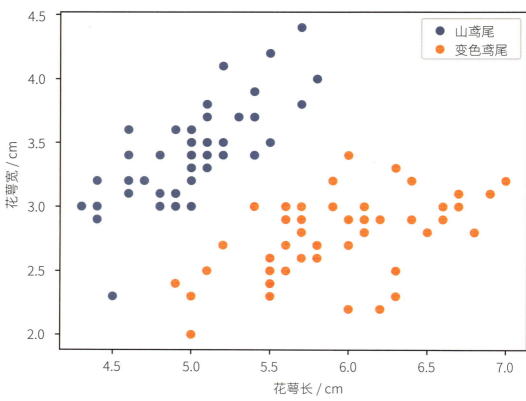

图 11-3　将特征绘制在平面直角坐标系上

从图 11-3 上可以看到，代表山鸢尾的点聚集在左上区域，而代表变色鸢尾的点聚集在右下区域。假如我们找到了一朵新的鸢尾花，那么也可以根据它的花萼长、宽特征在图上画出一个新的数据点。如果这个数据点在左上区域，它就很有可能是山鸢尾；如果在右下区域，它就很有可能是变色鸢尾。不过，对于人工智能模型来说，"左上区域"和"右下区域"的说法还是太模糊了，要想让它完成新数据点的分类任务，还需要明确地向它描述分类规则。

分类规则有许多种，其中一种是可以看看离新数据点最近的一个点是什么分类，比如最近的点是山鸢尾，那么就可以预测我们的新数据点也是山鸢尾，这种方法不一定 100% 准确，但或许可以达到一定的准确度。

还有一种方法和上一章讲的线性回归有点像，是在图上画一条直线，不过这次我们不让数据点落在线附近了，而是让这条直线尽可能地把两种鸢尾花分开。这样，当我们需要预测新数据点的分类时，只要看看它在直线的左边还是右边，就能得出结果了，这样的方法叫作线性分类，如图 11-4 所示。

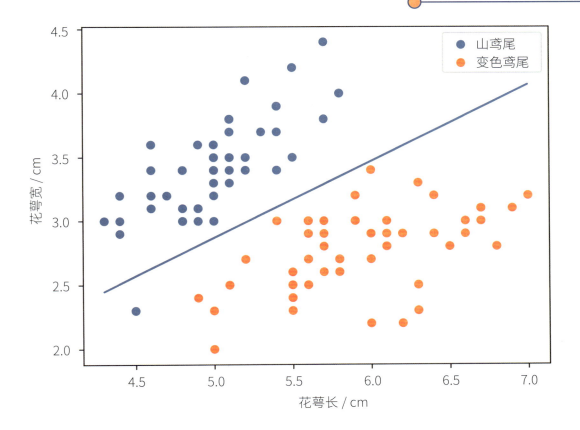

图 11-4　线性分类

感知器算法

在图 11-4 上，我们画出了一条直线，用数据点落在直线的左边还是右边来预测鸢尾花的分类。这种分类规则要怎样用数学的语言来表示呢？

我们在上一章中学到，线性回归的模型可以用 $\hat{y} = \hat{b}x + \hat{a}$ 这样的经验回归方程来表示，实际上，分类器同样可以用公式来表示，例如用花萼长、花萼宽两个特征预测物种，公式就可以是：

$$\hat{y} = a_1 x_1 + a_2 x_2 + b$$

其中 x_1 是花萼长，x_2 是花萼宽，它们都属于特征。$\hat{y}$ 是鸢尾花物种的预测值，当 $\hat{y} \geqslant 0$ 时，模型预测这朵花是山鸢尾；当 $\hat{y} < 0$ 时，模型预测这朵花是变色鸢尾。而 a_1、a_2 和 b 都是参数，分类器需要通过机器学习找到这些参数，从而得到分类器的模型。

可以看出，$\hat{y}$ 的取值决定了预测结果，而 $\hat{y} = 0$ 是两种预测结果的分界线，一边是山鸢尾，一边是变色鸢尾。这让我们想到了图 11-4 上的那条分界线，它同样分隔开了两种预测结果，分界线上每一个点的坐标 (x_1, x_2) 代入分类器模型 $\hat{y} = a_1 x_1 + a_2 x_2 + b$，都应该使 $\hat{y} = 0$。

在 $\hat{y} = 0$ 时，分类器的模型变为

$$0 = a_1 x_1 + a_2 x_2 + b$$

如果把它写成 x_2 关于 x_1 的函数，就变成

$$x_2 = -\frac{a_1 x_1 + b}{a_2}$$

这就是分界线在以 x_1 为横坐标、x_2 为纵坐标的平面直角坐标系上的函数。

以一种叫作"感知器"的分类器为例，在机器学习的过程中，感知器会先随意选取一组 a_1、a_2 和 b 的值，画出一条分界线，然后用

$$\hat{y} = a_1 x_1 + a_2 x_2 + b$$

计算训练集各个数据点的预测结果，看看结果和训练集的真实值是否一致。如果一个数据点被错误分类了，感知器会以一定的规则更新 a_1、a_2 和 b 三个参数，得到一组新的参数，再去计算新的预测结果，继续寻找被误分类的数据点，直到所有的数据点都被正确分类为止。每一次更新参数也可以叫作一次**迭代**。

思考题

"如果一个数据点被错误分类了，感知器会以一定的规则更新 $a1$、$a2$ 和 b 三个参数"，请试着想一想，这种规则应该是什么样的？

11.3 实践活动：训练一个分类器

活动背景

在 11.2 中，我们已经了解了感知器分类器的原理。训练感知器的过程涉及比较烦琐的数学运算，不过在 Python 的 scikit-learn 库中，训练感知器的过程已经被打包成了函数，让我们不需要深入研究每一个细节就可以体验机器学习的过程。接下来就让我们用鸢尾花数据集来试试看吧！

活动目标

- 初步尝试使用 scikit-learn 库进行机器学习
- 学习 NumPy 数组的切片等操作

任务描述

- 加载鸢尾花数据集,并从中筛选出只包含两个特征(花萼长、花萼宽)和标签的两个取值(山鸢尾、变色鸢尾)的数据
- 使用筛选后的数据训练感知器
- 测试感知器的模型精度

活动步骤

1. 准备

在上一章中我们已经了解了 Matplotlib 和 NumPy 两个库的功能,本次活动我们仍然需要用到它们。此外我们还要使用 scikit-learn 来实现一些机器学习方面的功能。使用下面代码加载库:

```
1  import numpy as np
2  import matplotlib.pyplot as plt
3  from sklearn.datasets import load_iris
4  from sklearn.linear_model import Perceptron
```

2. 加载并查看鸢尾花数据集

a. 加载 scikit-learn 内置的鸢尾花数据集,存储在变量 iris 中:

```
6  iris=load_iris()
```

b.iris 是一个封装好的数据集对象,其中特征(鸢尾花花瓣和花萼的测量数据)和标签(鸢尾花的种类)分别存储在它的 "data" 和 "target" 字段中,按顺序一一对应,我们可以用下面的代码查看它们。

```
7  print(iris["data"])
8  print(iris["target"])
```

3. 筛选需要的数据

a. 通过上一步对数据集的观察,我们发现目前加载在 iris 的数据形式类似表 11-1,一共有 150 朵花,包含花萼长、花萼宽、花瓣长、花瓣宽 4 个特征(分别对应 iris["data"] 的 4 列),以及山鸢尾(0)、变色鸢尾(1)和弗吉尼亚鸢尾(2)3 种标签(数据按照标签顺序排列,前 50 行是山鸢尾,中间 50 行是变色鸢尾,最后 50 行是弗吉尼亚鸢尾)。

b. 为了方便操作,我们需要将数据简化为类似表 11-2 的形式,也就是只包含花萼长、花萼宽 2 个特征(iris["data"] 的前 2 列)、标签仅有山鸢尾(0)或变色鸢尾(1)两种(iris["data"] 的前 100 行和 iris["target"] 的前 100 个元素)。数据筛选如图 11-5 所示。

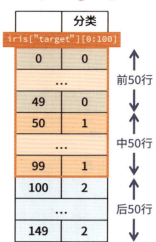

图 11-5　数据筛选

```
10  X=iris["data"][0:100,0:2]  # 取 iris["data"] 的
    0-99 行和 0-1 列，赋值给变量 X，代表特征数据
11  print(X)
12  y=iris["target"][0:100]  # 取 iris["target"] 的第
    0~99 个元素，赋值给变量 y，代表标签数据
13  print(y)
```

4. 观察数据：绘制散点图

a. 我们仍旧使用 Matplotlib 库的 scatter 函数来绘制散点图。我们希望以花萼长、花萼宽两个特征为横、纵坐标，并且用不同的颜色来表示不同的分类标签，因此要分两步画图，第一步画前 50 行的山鸢尾，第二步画后 50 行的变色鸢尾。

```
15  plt.rcParams["font.sans-serif"]=["SimHei"]  # 使
    生成的图片能正常显示汉字
16  plt.scatter(X[0:50,0],X[0:50,1],label="山鸢尾")
    # 绘制前 50 行散点图，设置标签
17  plt.scatter(X[50:100,0],X[50:100,1],label="变色
    鸢尾")  # 绘制后 50 行散点图，设置标签
18  plt.xlabel("花萼长")  # 绘制横轴标签
19  plt.ylabel("花萼宽")  # 绘制纵轴标签
20  plt.legend()  # 绘制图例
```

5. 划分训练集和测试集

a. 将山鸢尾的标签从 0 改为 -1，这样两个分类的标签分别是 -1 和 1，居于分界线的 $\hat{y} = 0$ 两侧。

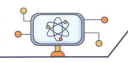

| 22 | `y[y==0]=-1` |

b. 划分测试集：现在我们一共有 100 行数据，假如我们要把其中的 10% 划分为测试集，那么就可以在特征数组 X 的 0~99 行中，每 10 行抽取 1 行（即 0，10，⋯，90 行），保存为新的数组 X_test，共 10 行；在标签数组 y 的 0~99 元素中，每 10 个元素抽取 1 个（即 0，10，⋯，90 元素），保存为新的数组 y_test。方便起见，这里采用了固定间隔抽取，实际上更严谨的做法是随机抽取。

| 23 | `X_test=X[0:100:10]` |
| 24 | `y_test=y[0:100:10]` |

c. 划分训练集：除了已经被划分为测试集的 10% 的数据外，剩余 90% 都是训练集，我们可以用 NumPy 的 delete 函数从 X 和 y 中去掉 0，10，⋯，90 行，保存为新的数组 X_train 和 y_train。

| 25 | `X_train=np.delete(X,[0,10,20,30,40,50,60,70,80,90],0)` |
| 26 | `y_train=np.delete(y,[0,10,20,30,40,50,60,70,80,90],0)` |

6. 训练模型

a. 使用训练集 X_train 和 y_train 训练感知器。

| 28 | `perceptron=Perceptron(fit_intercept=True,max_iter=1000,shuffle=True)` |
| 29 | `perceptron.fit(X_train,y_train)` |

b. 查看参数 $a1$、$a2$ 和 b 和迭代次数。

30	`a=perceptron.coef_[0]` #a1 和 a2 两个参数以数组的形式存储在变量 a 中
31	`b=perceptron.intercept_`
32	`print("参数：",a,b)`
33	`print("迭代次数：",perceptron.n_iter_)`

c. 根据上文计算出的函数 $x_2 = -\dfrac{a_1 x_1 + b}{a_2}$ 绘制分界线。

查看图片上的分界线，你认为这个模型准确吗？

| 34 | `plt.plot(X[:,0],(a[0]*X[:,0]+b)/(-a[1]))` |

7. 测试模型

a. 用测试集的特征数据 X_test 计算预测值。

| 36 | `y_pred=perceptron.predict(X_test)` |

b. 查看预测值和真实值。

```
37  print("预测值: ",y_pred)
38  print("真实值: ",y_test)
```

c. 计算模型精度。对于每一朵花，当预测值与真实值相符时，得分为 1；当预测值与真实值不符时，得分为 0。测试集 10 朵花的平均得分就是模型精度，它越接近 1，模型的预测就越准确。你计算出的模型精度是 _____ 。

```
39  print("模型精度: ",np.mean(y_pred==y_test))
```

拓展活动

在训练感知器时，我们为训练模型的过程设置了一些参数。

```
28  perceptron=Perceptron(fit_intercept=True,max_
    iter=1000,shuffle=True)
```

其中 max_iter 代表最大迭代次数，我们将它设置为 1 000，意思是感知器每次根据一个被误分类的数据点调整参数 a_1、a_2 和 b，最多调整 1 000 次就会停止。当然，实际应用中很可能不需要迭代 1 000 次就能找到将所有花朵正确分类的参数，我们刚才已经通过下面的代码查看了实际应用中的迭代次数。

```
33  print("迭代次数: ",perceptron.n_iter_)
```

如果迭代次数非常少，比如只迭代 2 次，会发生什么呢？我们可以修改 max_iter 的值，强制它在迭代 2 次后就停止训练。

```
28  perceptron=Perceptron(fit_intercept=True,max_
    iter=2,shuffle=True)
```

修改 max_iter 的值，重新运行代码，将结果记录在表 11-3 中。

表 11-3 迭代次数与模型精度的关系

最大迭代次数 max_iter	迭代次数 n_iter	模型精度
1		
2		
3		
4		
5		
10		
20		

第12章
像人类一样思考

　　机器学习已经能帮助我们解决很多问题了，不过随着技术的发展，我们在上一章了解的机器学习方法也不再是人工智能发展的最前沿，甚至逐渐被人们称为"传统机器学习"。那么"不传统"的机器学习是什么样的呢？

　　在第12章中，我们会了解深度神经网络的结构，并且具体学习其中涉及的一种重要的运算方式——卷积。

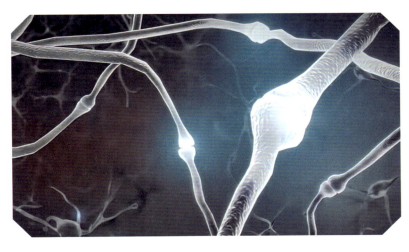

12.1 从大脑中获得灵感

自动提取特征

机器学习让人工智能有了很大的进步，无论是分类问题还是回归问题都可以由人工智能自动调试参数找到模型，而当人工智能想要进一步发展时，压力却到了人类这边。一方面，更精确的模型需要更多的数据来训练，但像鸢尾花数据集里花瓣长、宽这样的数据完全来自人工测量，不投入大量人力，模型就没办法继续训练下去。另一方面，有些情况下我们能轻易完成分类任务，却不知道该测量哪些特征提供给人工智能，例如判断一张图片上的动物是不是狗，不能用颜色判断（不同种类的狗颜色不同），不能用耳朵形状判断（不同种类的狗耳朵形状不同），不能用体型判断（不同种类的狗体型不同）……提取不出特征，又怎么能教会使用机器学习方法的人工智能分类呢？

要想解决这些问题，就要用到**深度神经网络**的方法。还是拿鸢尾花分类问题来说，传统机器学习的方法是由人类手工设计并提取特征，再交给人工智能训练分类器；如果用上深度神经网络的方法，人类就只需要提供花朵的图像，人工智能用包括卷积在内的各种算法从图像中学习和提取特征，然后再用提取出的特征训练分类器，一系列步骤全部自动完成，大大减少了人的工作量。传统机器学习与深度神经网络的步骤对比，如图 12-1 所示。

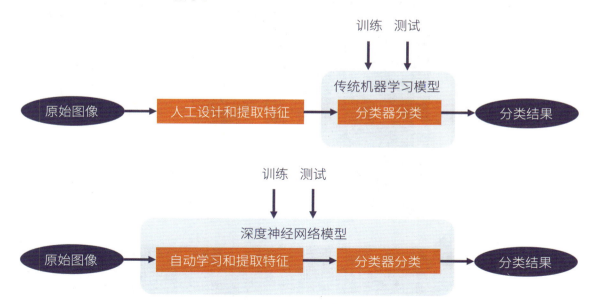

图 12-1　传统机器学习与深度神经网络的步骤对比

从感知器到全连接神经网络

话说回来,深度神经网络为什么要叫深度神经网络呢?这是因为它的发明受到了人类大脑的启发。

我们在生物课上学过,神经系统的基本单位是神经元,神经元的基本结构包括细胞体和突起两部分,其中突起又包含若干条短而多分支的树突和唯一一条轴突。一般来说,树突接收外界刺激,神经元感受到刺激之后,产生一个兴奋,再通过轴突将兴奋传导出去。因为树突可能有若干条,所以外界刺激可能也有若干个来源,神经元综合评估收到所有刺激后,决定接下来要做的事:要么传导出一个兴奋,要么什么都不做。

让我们再回想一下上一章学习的感知器:感知器接收来自外界的特征 x_1、x_2,经过模型的综合运算,给出预测值

$$\hat{y} = a_1 x_1 + a_2 x_2 + b$$

而且这个预测值是离散的,要么是山鸢尾,要么是变色鸢尾。神经元与感知器,如图 12-2 所示。

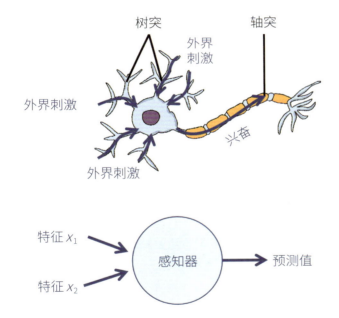

图 12-2 神经元与感知器

这样看来,感知器和神经元的工作模式有一些相似,它们都可以接收多个来源的信息,再形成一个新的信息传递出去。大量的神经元组成了生物体的神经系统,而大量的感知器,可以组成人工智能的神经网络,感知器就是深度神经网络的"神经元"。

在人工智能的实际应用中,输入的特征远不只 x_1、x_2 两个,可能有成千上万个,而接收这些特征的感知器(或者叫神经元)可能也有很多个。如图 12-3 所示,第一层的每个神经元都接收输入的所有特征,形成一个

输出，而第一层的所有输出一起构成了第二层每个神经元的输入。第二层的每个神经元都与第一层的全部神经元连接，而第三层的每个神经元也与第二层的全部神经元连接。这样若干层之后，得到最终的输出。由于每一层的每个神经元都与上一层的全部神经元连接，这样的方式叫作**全连接**。

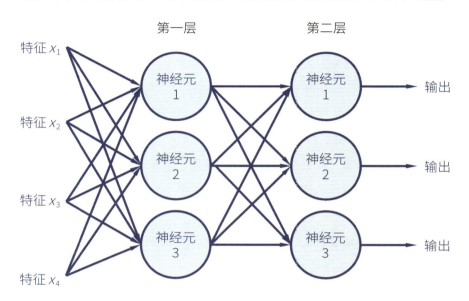

图 12-3　一个简单的全连接神经网络

深度之深

通过以上的讨论，我们发现了深度神经网络的两个特点：在提取特征方面，它可以用卷积等算法自动提取特征；在分类方面，它用大量神经元组成多层的全连接神经网络。实际上，一个用于图像处理的深度神经网络的结构会像图 12-4 这样，由很多层组成：首先是输入原始图像，接下来原始图像依次经过一系列卷积层和其他功能的层，输出一系列特征，特征再经过由多层神经元组成的全连接层完成分类。深度神经网络的结构，比我们上一章讨论的传统机器学习方法要复杂得多，深度的"深"，指的就是层数之深。

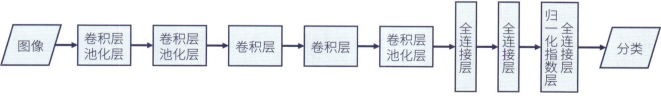

图 12-4　一个深度神经网络的结构

为什么要设计得这么复杂呢？因为结构越复杂，就越能处理复杂的问题、完成更细致的分类。无论是卷积层、全连接层还是其他具有特殊功能的层，都包含大量可以调整的参数，算下来可能是之前单个感知器

$$\hat{y} = a_1 x_1 + a_2 x_2 + b$$

的成千上万倍。训练模型的过程就是调整这些参数，参数越多，调整就越细致，模型就能给出更精确的预测结果。

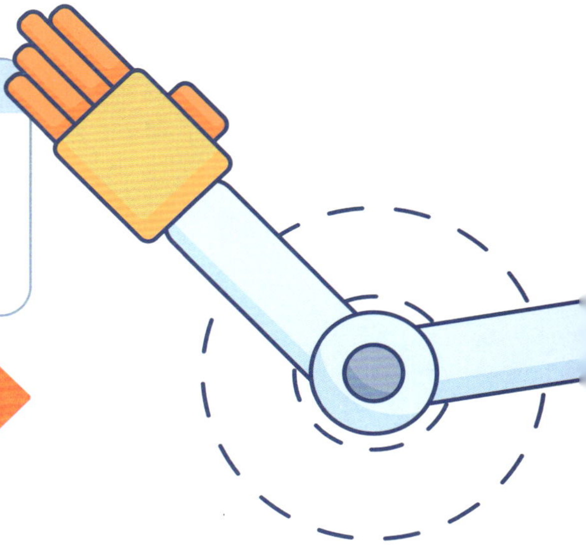

思考题

1. 全连接层同一层的神经元之间会互相连接吗？
2. 全连接层中的某一个神经元输出给下一层不同神经元的信息是相同的还是不同的？

12.2 让计算机来提取特征

过多的信息

通过前面的学习，我们了解到深度神经网络在处理图像时，要让图像经过多个卷积层，完成多次卷积运算，才会进入全连接层开始分类的步骤。为什么要设置这些卷积层呢？可以想一想上一章，我们之所以选择用尺子来人工测量鸢尾花的形态数据而不是输入照片，是因为照片的数据量太大，可能需要很多的运算资源。设置卷积层，其中一个目的就是要解决这个问题：一张照片包含很多的信息，但并不是所有的信息都能帮助我们分类，哪怕计算机的运算能力足够强，用全部信息来训练模型也犹如大海捞针，是不划算的。卷积是一个让信息变少的过程，目的是去掉那些对分类没有帮助的信息，留下有效的特征信息。在实际应用中，除了卷积层外，还会设置一些池化层，它们也可以让信息变少。

矩阵的卷积

卷积运算的过程到底是怎样的？现在就让我们来一步步了解。

图 12-5 是一张灰度图像和它的编码，我们在第 5 章见过类似的图像，它是一个 10×10 的方格，每个格子是一个像素，格子里的数字对应像素的颜色，接下来我们对它来做卷积操作。

3	3	3	3	3	3	3	3	3	3
3	3	0	0	0	0	1	0	3	3
3	3	0	1	0	0	0	0	3	3
3	3	0	0	0	0	0	1	3	3
3	3	0	0	1	1	0	0	3	3
3	3	1	0	0	0	0	0	3	3
3	3	1	0	0	1	0	1	3	3
3	3	1	0	0	0	0	1	3	3
3	3	0	0	1	1	0	1	3	3
3	3	3	3	3	3	3	3	3	3

图 12-5　灰度图像和编码（大矩阵）

图 12-6 是一个 3×3 的方格，其中左边一列是 1，中间一列是 0，右边一列是 -1。我们要把这个 3×3 方格（下文称为"小矩阵"）和灰度图像（下文称为"大矩阵"）做某种运算，得到新的图像（下文称为"结果矩阵"）。

1	0	-1
1	0	-1
1	0	-1

图 12-6　卷积核（小矩阵）

首先，我们用小矩阵覆盖住大矩阵左上角的 9 个格子，这样，这 9 个格子的每个格子里都有 2 个数字，一个来自大矩阵，一个来自小矩阵。把每个格子里的两个数字相乘，再把这 9 个积相加，就得到了一个新的数字，我们把它写在结果矩阵里。

接下来，我们把小矩阵向右移动一格，它仍然覆盖了大矩阵的 9 个格子，我们同样把每个格子里的 2 个数字相乘，再把 9 个积相加，得到的结果写在结果矩阵的下一格。

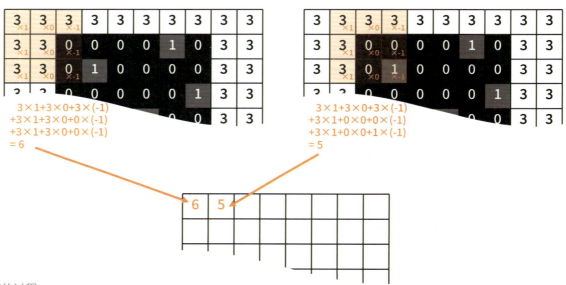

图 12-7　卷积运算的过程

这样每移动一次就重新计算一次，直到大矩阵的所有格子都被覆盖过为止，此时，我们就获得了卷积的结果矩阵。结果矩阵的数字范围不再是我们原来的从 0 到 3 了，变成了从 -9 到 9，要想把它表示为图像，我们可以重新指定灰度编码规则，例如从 -9 到 -4 对应黑色、从 -3 到 3 对应浅灰色、从 4 到 9 对应白色，得到图 12-8。

6	5	0	1	-1	0	-5	-6
9	8	0	1	-1	-1	-8	-8
9	8	-1	0	1	0	-9	-8
8	9	0	-1	1	0	-9	-8
7	9	1	-2	1	1	-9	-8
6	9	3	-1	0	-1	-9	-7
7	9	1	-2	1	-1	-9	-6
5	6	0	-1	1	-1	-6	-4

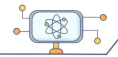

图 12-8　利用图 12-6 进行卷积运算后的结果

从图 12-8 可以看出，我们原来的长方形图案经过卷积运算，变成了纵向条纹状的图案，其中左侧的白色条纹代表长方形左侧的长边，右侧的黑色条纹代表长方形右侧的长边，卷积运算帮我们提取了图像的纵向边缘特征。而且，原来的图像分辨率是 10×10 像素，卷积后得到的新图像分辨率是 8×8 像素，分辨率变低了，也就意味着信息变少了。

卷积核

上面用到的 3×3 小矩阵称为**卷积核**。卷积核不同，卷积运算的结果也不同，从图像中提取的特征就不同。比如，要是我们把卷积核换成图 12-9，得到的结果就会是图 12-10，它包含图片的横向边缘特征。

1	1	1
0	0	0
-1	-1	-1

图 12-9　提取横向边缘特征的卷积核

3	5	8	8	9	9	6	3
0	0	0	0	1	0	0	-1
0	1	0	-1	-2	-1	0	0
-1	-1	-1	0	0	1	1	1
-1	-1	0	1	1	-1	-1	-1
0	0	0	0	0	-1	-1	-1
1	1	0	-1	-1	0	0	0
-2	-5	-8	-9	-9	-8	-5	-2

图 12-10　利用图 12-9 进行卷积运算后的结果

卷积核不一定是 3×3 的矩阵，还有可能是 5×5、11×11 等矩阵，表 12-1 是一些常用的卷积核和它们的功能。

表 12-1 常用的卷积核和其功能

卷积核	卷积前	卷积后	功能
1　0　-1 1　0　-1 1　0　-1			提取纵向边缘
1　1　1 0　0　0 -1　-1　-1			提取横向边缘
0.1　0.1　0.1 0.1　0.2　0.1 0.1　0.1　0.1			模糊
-1　-1　-1 -1　9　-1 -1　-1　-1			锐化

思考题

以图 12-9 为卷积核，对图 12-5 做卷积运算，具体步骤是怎样的？请写出算式。

12.3 实践活动：利用卷积运算提取图像特征

活动背景

卷积运算是深度神经网络处理图像的必要步骤，可以帮我们从图像中提取特征。通过前面的实例，我们可以发现卷积运算的步骤是比较烦琐的。好在我们可以利用计算机视觉库 OpenCV 中的卷积函数来方便地体验这个过程，接下来就让我们看看不同的卷积核能对图片起到什么作用吧！

活动目标

- 初步尝试使用 OpenCV 库处理图像

任务描述

- 自定义卷积核，对图片做卷积运算
- 观察不同的卷积核对卷积运算结果的影响

活动步骤

1. 准备

本次活动我们需要用到计算机视觉库 OpenCV，在 Python 中它的名字叫 cv2。此外我们仍然会用到 NumPy 库。使用下面代码加载库：

```
1  import cv2
2  import numpy as np
```

2. 加载原始图片

引号中是原始图片文件路径，这里以 test.jpg 为例。

```
4  img=cv2.imread("test.jpg")  # 读取 test.jpg 图片，存储在变量 img 中
```

3. 设置卷积核

卷积核是一个 NumPy 二维数组，使用下面代码可以生成图 12-6 的卷积核，存储在变量 kernel1 中。

```
5  kernel1=np.array([[1,0,-1],
6                    [1,0,-1],
7                    [1,0,-1]])
```

4. 卷积运算

9	`filtered=cv2.filter2D(img,-1,kernel1)` # 对变量 img，以 kernel1 为卷积核做卷积运算，卷积后的图像存储在变量 filtered 中
10	`cv2.imshow("filtered",filtered)` # 在窗口中显示卷积后的图像 filtered
11	`cv2.waitKey(0)`
12	`cv2.destroyAllWindows()`

5. 设置不同的卷积核

修改第 3 步数组的值，可以得到不同的卷积核，重新运行步骤 4，观察卷积后的图像。

1	`kernel2=np.array([[1,1,1],`
2	`              [0,0,0],`
3	`              [-1,-1,-1]])`
4	`kernel3=np.array([[0.1,0.1,0.1],`
5	`              [0.1,0.2,0.1],`
6	`              [0.1,0.1,0.1]])`
7	`kernel4=np.array([[-1,-1,-1],`
8	`              [-1,9,-1],`
9	`              [-1,-1,-1]])`

第13章 人工智能发展的技术基础

究竟什么才是人工智能？专家系统利用推理来解决问题，当时的人们认为它是人工智能；机器学习能够自动为模型找到最合适的参数，和它比起来，专家系统就显得没那么"智能"了；深度神经网络能自动学习特征，和它比起来，有人认为机器学习就不能叫人工智能了。不同的时代对人工智能有不同的定义，人工智能的发展除上面提到的这些算法之外，还要依靠一些其他的技术基础。

13.1 数据和算法基础

发展的瓶颈

深度神经网络开创了人工智能的新时代，它看似神秘，但经过前面的学习，我们知道了它是由一个个神经元组合起来的，其中每一个神经元的工作方式都比较简单，普通人也能够理解。实际上，深度神经网络的理论在20世纪七八十年代就已经产生了，研究人员当时也做过一些实验。那么既然理论早已诞生，为什么基于深度神经网络的人工智能直到21世纪才走入公众的视野？为什么我们没有早一点见到它呢？这其实是因为有些技术基础还没到位。

人工智能依赖数据、算法和算力三大技术基础，我们在前几章了解的搜索推理、机器学习、深度神经网络等，都属于算法的领域，就像做菜的菜谱一样，比较理论且抽象。光有菜谱是做不出菜的，还要有原料和厨师。人工智能的"原料"是数据，而"厨师"是算力，也就是一些硬件。如果只有算法，没有数据和算力，那么人工智能也只能是空中楼阁。

数据的形式

随着传感器技术的成熟和互联网的发展，生产数据变得越来越简单，每分每秒都有大量的新数据产生，人类社会进入了大数据的时代。我们在前面的实践活动中接触过不少数据，它们有不同的形式：鸢尾花数据集的花萼、花瓣长宽特征是数值，具体来说是小数而不是整数；图书馆推荐书单里，每一本书的名字是文本；另外，数据也可以是图像、视频、音频等。

一个数据集里可能会有很多数据，像鸢尾花数据集一共有150朵花，每朵花有4个特征数据和一个分类标签，要想更好地管理它们，就需要把这些数据整理成有规律的格式，比如**数组**。鸢尾花数据集里，每一朵花的4个特征数据存储在一个数组里，这个数组有4个位置，分别用来存储花萼长、花萼宽、花瓣长、花瓣宽；150朵花有150个数组，这些数组组合在一起，成为一个新的有150个位置的数组。可见，鸢尾花数据集里的特征数据是以"数组套数组"的方式存储的，套了两层，所以也可以叫它**二维数组**。

数据可视化

在学习线性回归的时候，我们把地铁乘坐时间数据画成**散点图**，发现这些数据点分布在一条直线附近；在学习分类器的时候，我们把鸢尾花的花萼长、宽数据画成**散点图**，发现相同种的鸢尾花数据点倾向于聚集在一起。像这样以图形、图像、动画等方式呈现数据的做法叫作**数据可视化**，它能帮我们找到数据间的关系、趋势和规律，是数据分析中非常重要的步骤。

除了散点图外，常用的可视化图表还有能反映数据随时间变化规律的**折线图**、对比分析不同结构数据的**柱状图**等，如图 13-1 所示。

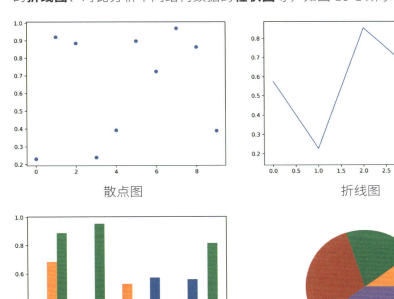

图 13-1　不同类型的可视化图表

思考题

在第 8 章的实践活动中，我们用下面的代码将学号赋值给变量 id：

```
1  id="2301046"
```

这里的学号数据是以什么形式存储的？

A. 数值

B. 文本

C. 图像

D. 数组

13.2 算力基础

为什么要算得更快？

算力可以理解为计算能力，计算能力越强，算得就越快。要想发展人工智能，为什么要算得更快呢？

随着时代的发展，人们不再满足于传统机器学习，利用大数据训练深度神经网络的**深度学习**成为下一个目标，而要想达成这个目标，就需要计算比以前多得多的东西。正如我们在第 12 章所了解的，深度神经网络的结构十分复杂，训练模型的过程需要大量的计算步骤；而且，数据本身变多就意味着分析数据时需要更多的计算。

你可能会说，计算量变大了，那我就多等一会儿，等它算完不就行了？这可真是太小瞧深度学习了，要等的不一定是"一会儿"，可能是十天半个月，甚至是一年！没有人想等上一年才训练出一个模型，就算你有足够的耐心，等模型训练出来，需要解决的问题说不定已经不存在了。可见，提高算力让计算机算得更快才是正道。

摩尔定律

算力在很大程度上是由硬件决定的。第 3 章提到，从硬件的角度来看，计算机内部主要负责运算的是一块超大规模集成电路，也就是中央处理器（CPU），它由硅片上雕刻出的数以亿计的微型晶体管组成。在集成电路行业有一条著名的预言，是由英特尔公司的创始人戈登·摩尔于 1965 年提出的，他认为同一面积芯片上可容纳的晶体管数量每 1~2 年将增加 1 倍。

半个多世纪以来，硬件技术的发展基本符合摩尔定律，如今的芯片制造工艺已经可以做到在 1 平方毫米的面积上做出上亿个晶体管！科学家们相信，晶体管的微缩趋势还会继续。芯片晶体管数量与摩尔定律示意图，如图 13-2 所示。

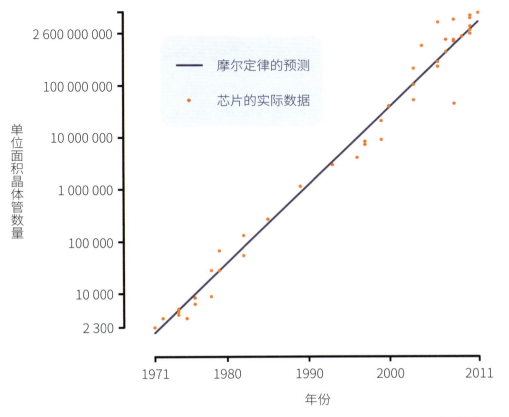

图 13-2　芯片晶体管数量与摩尔定律示意图

CPU 和 GPU

在训练人工智能模型时，还会用到 GPU。GPU 是图形处理器的缩写，它比 CPU 更擅长并行计算，也就是说，它有更强的"一心二用"甚至"一心千用"的能力，可以同时做很多件重复的事情。虽然 CPU 也有 8 核、16 核这样的多核型号，能做到"一心多用"，但 GPU 的核数可能有几千上万个！一个 16 核 CPU 一个多月的计算量，换成 GPU 来计算可能只要 2~3 天甚至更短时间就能完成。

不过，GPU 擅长的是大量相似的任务，不像 CPU 那样全能，可以同时做许多不同类型的任务，因此，将 GPU 和 CPU 结合起来使用，才能发挥它们各自的优点。

知识卡片：算力就是金钱

算力在人工智能之外的其他领域也很重要，有时候甚至可以说"算力就是金钱"！

比特币是一种使用区块链技术的数字货币，它和一般的货币一样，可以靠交易来获得。不过比特币不会像一般的货币一样，由银行等机构决定发行的数量；比特币发行多少、发行到谁手里，是用数学来决定的。

比特币有点像一道超难的数学题，有若干个解，想要获得新的比特币就要做题，只要能做出来一个别人没找到过的解，就可以拿到奖励。人们互相比赛做题速度，谁找到的解更多更快，谁赚得就越多。但是，这道数学题总会有全部解都被找到的一天，到那个时候，所有的奖励就都被拿完了。

"做题"的过程也被称为"挖矿"，比特币挖矿者当然不是用纸笔来做题，而是用计算机，而且一般用的是 GPU。在挖矿的竞争中，算力至关重要，计算的速度要是不如别人，奖励可能就被人捷足先登了！

思考题

你认为摩尔定律会一直持续吗？为什么？

13.3 实践活动：数据处理与可视化

活动背景

在数据比较少的时候，我们比较容易一眼看出数据中的规律。当数据多到一页纸放不下，甚至一本书都放不下的时候，就需要借助一些工具来做分析了。pandas 是 Python 常用的数据分析库，它能用表格形式的 DataFrame 数据结构来存储数据（有点像我们在前几章用过的 NumPy 数组），也能和 Matplotlib 一样画图。

本活动中，我们将使用 pandas 库分析一个公开的天气数据集，它包含澳大利亚墨尔本市十年间每一天的最低气温。

活动目标

● 初步尝试使用 pandas 库处理数据

任务描述

- 查看天气数据集中特定日期或特定时间段的最低气温
- 将每日最低气温绘制成折线图和散点图

活动步骤

1. 准备

a. 下载数据集，确认计算机本地保存的数据集文件是 csv 格式。

（地址：https://raw.githubusercontent.com/jbrownlee/Datasets/master/daily-min-temperatures.csv）

b. 本次实践我们需要用到 pandas 库。使用下面代码加载库：

```
1  import pandas as pd
```

2. 加载数据

a. 将下载的数据集保存在 DataFrame 格式的变量 data 中，并查看 data。这个数据集有多少行、多少列？每天有几条记录？最早的气温记录是哪天？最晚的气温记录是哪天？

```
3  data=pd.read_csv("daily-min-temperatures.csv")
4  print(data)
```

b. 将字符串格式的日期转换成 datetime64 格式并设置为索引，方便后续操作。

```
5  data["Date"]=pd.to_datetime(data.Date)
6  data=data.set_index("Date")
```

3. 查看局部数据

```
8  print(data.head())  # 查看开头 5 条记录
9  print(data.tail())  # 查看结尾 5 条记录
```

4. 筛选数据

运行下面的代码，补全空格处的代码。

```
11  print(data.loc["1988-12-30"])  # 查看 1988 年 12 月 30 日的最低气温
12  print(data.loc["1990-06"].head())  # 查看 1990 年 6 月的开头 5 条记录
13  print(data.loc["1983-10-02":"1983-10-07"])  # 查看 1983 年 10 月 2 日至 1983 年 10 月 7 日的记录
14  print(_____)  # 查看 1986 年 2 月的结尾 5 条记录
```

5. 查看最大值、最小值、平均值

运行下面的代码，补全空格处的代码。

16	`print(data.loc["1990-06"].max())` # 查看 1990 年 6 月每日最低气温的最高值
17	`print(data.loc["1990-06"].min())` # 查看 1990 年 6 月每日最低气温的最低值
18	`print(data.loc["1990-06"].mean())` # 查看 1990 年 6 月每日最低气温的平均值
19	`print(_____)` # 查看 1987 年每日最低气温的全年平均值

6. 数据可视化

使用 pandas 库的 plot 函数绘制。

21	`data.plot()` # 默认绘制折线图
22	`data.plot(style=".")` # 修改 style 参数，绘制散点图

7. 向下采样

观察步骤 6 绘制的图像发现，数据点多而密集，不易观察趋势。可以使用 resample 函数向下采样的方法减少数据点，取每月最低气温平均值，将每个月 30 条左右的记录聚合成一条记录。为向下采样的结果数据绘制折线图，观察它和步骤 6 绘制的折线图的区别。

24	`data1=data.resample("M")["Temp"].mean()` # 聚合每月（M）的最低气温（Temp）记录，取平均值（mean）形成一条新的记录
25	`monthly=pd.DataFrame(data1)` # 将向下采样的结果保存在 DataFrame 变量 monthly 中
26	`print(monthly.head())` # 查看 monthly 数据的开头 5 条记录
27	`monthly.plot()` # 绘制 monthly 数据的折线图

第四部分
人工智能的应用

　　说到人工智能的应用，各类报道总是说得天花乱坠，仿佛它拥有改变世界的奇妙力量，能带领我们走进未来世界。在第三部分中，我们了解了机器学习、深度神经网络等人工智能技术，在这些技术的基础上，各种人工智能应用实例是如何发展出来的？它们目前拥有的能力是否像媒体报道的那样神奇，未来的发展方向又会是什么？在第四部分中，我们将从几个不同领域的若干实例来探讨这些问题。

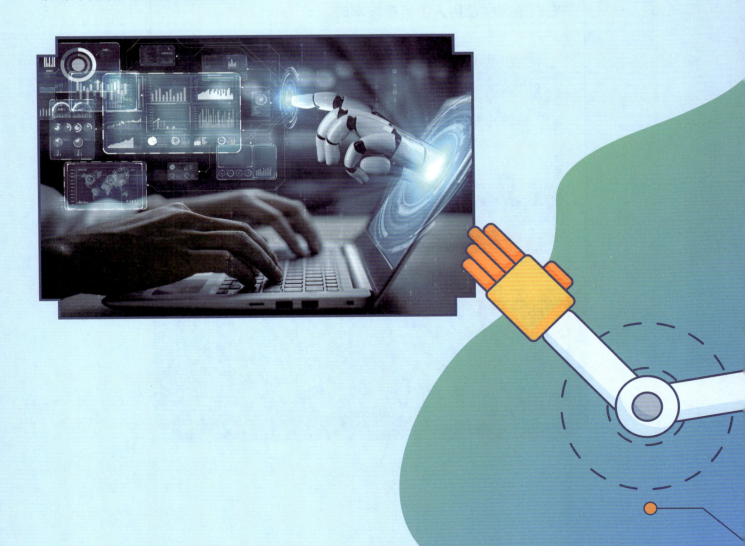

第 14 章
日常生活中的人工智能应用实例

人工智能的应用已经进入了我们的日常生活，有些能被我们明显察觉到，让我们的生活变得更加方便，有些则在默默地守护着我们。在第 14 章中，我们将从智能家居、智能安防、自动驾驶三个实例出发，看看它们是怎样使用人工智能技术的。

14.1 智能家居

AI "田螺姑娘"

请你想象一下这样的场景：

你回到家门口，智能门锁识别了你的人脸信息，自动开了锁。你打开门，一边走进客厅一边吩咐语音助手开灯，它立即开了灯，并且通过智能音箱向你问好。房间的温度不冷不热，在你回来之前二十分钟，智能空调就自动启动了；地面纤尘不染，趁你不在家的时候，扫地机器人（图14-1）已经连扫带拖完成了地面清洁。你走到厨房，打开智能电饭锅，里面是一锅刚刚熬好的粥，你不禁感叹：有"田螺姑娘"帮忙做家务的感觉真好！

帮你做家务的当然不是童话里的"田螺姑娘"，而是智能家居。截至2024年，上面提到的这些带有人工智能的家用电器已经全部投入商用了，说不定你家里就正在使用其中的几种！智能家居已经逐渐进入了我们的生活。

图 14-1　扫地机器人

人工智能 + 物联网

智能家居是基于我们住宅的生活服务系统，它最大的特点就是可以让我们的家居产品互联互通，做到集中管理。智能家居可以说是物联网和人工智能技术的结晶，物联网技术负责连接各个设备并实现数据共享，而人工智能技术则提供数据分析、情境感知、智能决策等功能，两者结合，构建出了一套高度智能化的家庭生活解决方案。

传统的家居产品是不联网的，插上电源就能用，如果想要控制它，需要使用家电的操作面板或者专用遥控器。利用物联网技术让家居产品拥有通信功能，就可以远程控制它，例如在到家之前就用手机启动空调，或者用一个智能家居产品控制另一个智能家居产品，例如用智能音箱开灯。

仅有物联网还不够"智能"，毕竟它只解决了通信问题，能让我们更方便地控制智能家居产品。对于智能家居产品自身来说，要想"变聪明"，还需要人工智能赋予它强大的能力。智能音箱可以"听懂"我们的话，并且生成语音，这用到了自然语言处理技术；智能门锁能识别家庭成员的面部特征并开门，用的是基于深度神经网络的人脸识别技术；扫地机器人则会使用多种传感器扫描室内环境、构建地图，并使用搜索算法来规划路径。

智能家居的未来

虽然目前市面上已经出现了许多智能家居产品，但不少人还是觉得它们"不够聪明"。大部分智能家居产品只能做到方便地控制，而不是自动控制：如果你想让扫地机器人在你离开家的时候扫地，必须打开应用程序手动点一下开始，或者设定一个定时程序，让它每天在固定的时间打扫。更理想的扫地机器人或许应该主动学习我们的活动规律、自己决定什么时间打扫，并且根据传感器的监测，选择没人的时候打扫。

还有一个棘手的问题是目前各品牌的智能家居产品生态比较封闭，换句话说，就是不同品牌的产品之间无法互相通信。如果你喜欢品牌 A 的智能冰箱、品牌 B 的智能电视，那你可能需要下载两个不同的应用程序来控制它们；为了语音控制这些智能家居产品，你买了智能音箱，却发现品牌 C 的智能音箱不能帮你开启品牌 B 的智能电视，这对消费者来说是很大的麻烦。未来的智能家居，应该建立起不同品牌之间的统一通信标准，让我们能够轻松地控制它们。

思考题

请展开想象描述一下，应用了智能家居产品之后，你早上从起床到出门的过程会是什么样？

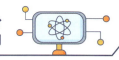

第四部分
人工智能的应用

14.2 智能安防

火眼金睛的 AI 警察

假如你是一名警察，你接到了隔壁城市同行的请求：有一名犯罪嫌疑人似乎进入了你所在的城市，你要以最快速度找到这名犯罪嫌疑人。

你打算怎么做呢？要不要拿着照片，去火车站、飞机场、高速公路服务区问问"有没有见过这个人"？当然不用，现在到处都有监控摄像头，看看监控视频不就行了！

好，我们提取了全市 1 000 个摄像头最近 72 小时的监控视频，一共 72 000 个小时，等你看完，嫌疑人可能已经去别的城市了。就算你叫上同事来帮忙，也需要看好几天，而且还有可能漏掉重要信息。

这时就需要智能安防系统了，它可以说是一名火眼金睛的 AI 警察，能瞬间从监控视频中提取人脸，和犯罪嫌疑人的照片做比对，效率比人工看视频要高多了，而且更不容易出错。

智能安防的原理

智能安防系统这么能干，离不开其中用到的人工智能技术。

基于深度学习算法的人脸识别技术能提取人脸特征并识别人的身份，不仅能从监控视频里找到犯罪嫌疑人，也能在火车站进站口快速识别乘客身份，如图 14-2 所示。

除了"你是谁"外，智能安防还能从视频中看出"你在做什么"。行为分析技术利用计算机视觉技术和机器学习算法分析视频流中的人员行为模式，可以检测出快速奔跑、停留时间过长等异常行为，提示公共场合的管理者做出响应。

图 14-2　检票口的人脸识别设备同时也起到智能安防的作用

智能安防的未来

智能安防的应用也存在一定的局限性。

一方面,它的准确性还有待提升,偶尔会有误报和漏报的情况,需要利用更先进的人工智能技术来加以改进。

另一方面,监控摄像头、人脸识别设备等每时每刻都在收集大量的个人隐私数据,在保护安全的同时,普通公众的个人信息也应该得到保护,为此应该使用更先进的加密技术。

此外,智能安防系统非常依赖网络和电力,高精度的设备成本会比较高,需要找到更加环保节能的使用方式。

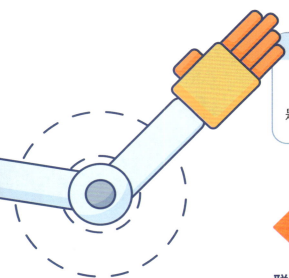

思考题

你认为对智能安防系统来说,是误报会造成更严重的问题,还是漏报会造成更严重的问题?

14.3 自动驾驶

聪明的汽车

在经典的科幻作品中,人们对未来世界的幻想少不了特殊的交通工具,这些交通工具往往会飞,还能自动驾驶,帮助未来的人类避开交通拥堵。"会飞"这一点可能不太容易普及,但自动驾驶的汽车已经离我们非常近了。

城市路网错综复杂,路况和交通信号每一秒都在更新,自动驾驶听起来是一件很难的事,但再难的事也可以拆分成不同的任务,一件一件做。

在高速公路上跟随前车行驶的操作比较简单,高速公路不会出现交通灯,只要和前车保持一定车距就可以。这个任务可以由人工智能完成,目前不少汽车都已经配备了自适应巡航系统,能够自动调整车速,与前车保持距离,太近了就自动减速,太远了就自动加速,驾驶员不需要一直脚踩油门和刹车,轻松很多。

自适应巡航只能控制车速,有些汽车还配备了车道保持辅助系统,可以让人工智能在一定程度上控制方向盘,使汽车一直保持在车道中央,车道转弯，汽车也转弯。这样，驾驶员的双手也可以稍微放松一下了，不必担心因疲劳走神偏离车道而造成事故。

自适应巡航和车道保持辅助系统只能算是驾驶辅助功能，驾驶员仍然需要时刻观察周围环境，在必要的时候接管操作，不能让手离开方向盘，更不能打瞌睡。要想脱离驾驶员，完全实现自动驾驶，需要人工智能对道路环境十分了解，因此目前这种高度自动化的自动驾驶往往限制在规定的区域内。

自动驾驶的原理

自动驾驶汽车拥有灵敏的传感器"感官"和聪明的人工智能"内心"。

自动驾驶汽车使用的传感器包括视频摄像头、激光雷达、卫星定位系统等，能够收集行驶环境的信息（图14-3）。前车的距离、左右的障碍物、交通灯和路牌、本车的位置等，都能被传感器快速收集。驾驶系统利用人工智能技术综合判断这些外界信息，配合预先制作的高精度地图，实施规划驾驶路线，指挥汽车前进。

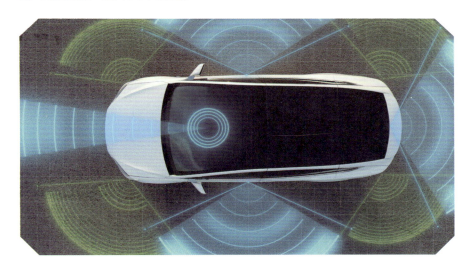

图 14-3　自动驾驶汽车拥有大量传感器

自动驾驶的未来

汽车的自动驾驶理论既然已经建立了，为什么它还没有普及到随处可见的程度呢？一个很大的原因是，目前的自动驾驶非常依赖高精度地图。自动驾驶汽车使用的高精度地图和你手机导航上看的普通地图不一样，是三维的，制作的时候需要用专门的仪器沿着每一条道路扫描，获取路边每个物体的真实形状。汽车一直在前进，周围的环境随时都在变化，自动驾驶需要人工智能快速做出判断，如果有预先制作好的高精度地图的帮助，人工智能就可以适时做出预判，提高反应速度。这样看来，如果把目前的自动驾驶汽车放在没有高精度地图的未知道路上,它可能就需要人类驾驶员的帮助了。未来的自动驾驶汽车最好能做到在任何道路上都可以安全行驶。

有些人在乘坐自动驾驶汽车时会晕车,这可能是因为它会突然加速和减速,出现这种情况,可能是因为人工智能在设计路线、控制汽车时,只考虑了能不能安全到达,没有考虑乘客的舒适度。让乘客能够舒适地乘坐,可能也是自动驾驶技术未来的发展方向。

此外,自动驾驶技术的发展还需要外部环境的配合。城市道路的各类标识、信号可能需要配合自动驾驶的需求而调整,与地图信息采集、道路交通安全相关的法律法规可能也要配合自动驾驶的需求而完善。

思考题

你认为自动驾驶的汽车和人类驾驶的汽车哪个开得更快?为什么?

第 15 章
学习场景下的人工智能应用实例

在教育领域，人工智能的应用正在逐步改变我们的教学模式和学习方式。从慕课、网课、直播课再到智慧课堂，人工智能从遥不可及到飞入"寻常百姓家"。在第 15 章中，我们将一起探索人工智能在学习场景下的应用。

15.1 智慧课堂

什么是智慧课堂？

AI 在诞生的最初几年，智慧课堂还是个新鲜事，是网课的发展为"课堂+AI"按下了加速键。不过随着短视频的兴起，人们看到了很多粗制滥造、打着智慧课堂旗号的视频课程。AI 宛如视频工厂，可以批量化快速制作视频，人们不禁产生了怀疑——智慧课堂是"预制课"吗？

答案是否定的。所谓"预制课"是由教师或教育机构提供的预先制作好的课程，不能完全替代传统课堂教学。而智慧课堂则是基于人工智能、大数据分析、网络通信等技术的新型教学方式，是对传统课堂教学模式的深度改革和优化。智慧课堂不是"预制课"，而是触手可及的未来。

实时互动协作

智慧课堂系统往往配备了移动设备、电子白板、智能课桌等硬件设施和相应软件（图 15-1），有了它们的帮助，课堂上可以实现多方向的实时互动协作。

试想一下，上历史课时，老师提出了一个关于古罗马建筑的问题。智慧课堂系统可以像一位时空导游一样，带领同学们穿梭回当时的场景，感受时代风貌，体验古罗马工匠发明创造的智慧。同学们还可以扮演古代名人，真实参与到当时的情境，切身体验遇到的问题，积极地思考解决办法。智慧课堂系统会实时显示每一种解决办法对应的结果，而提供可行性解决方案的同学名字会被点亮，是不是觉得既刺激又开心呢？通过游戏互动学

图 15-1　配备了智能硬件设施的智慧课堂

到的知识，你绝对不会忘！

化学课程对有的同学来说非常痛苦，看不见摸不着的复杂分子结构，让大家总是搞不明白记不住。有了智慧课堂系统，情况就大不一样了。系统能够迅速分析同学们的学习情况，推荐一系列有趣的定制视频，里面有动画、有口诀，甚至还有趣味小实验。有了这样的小工具，同学们在轻松记住分子结构的同时，还能更直观地感受到人工智能对传统教学方式的革新！

教学自循环

人工智能技术除了给学生提供最优学习体验外，还能帮助教师监测和评估整个教学过程，包括教师教学内容、教学方式、教学效果以及学生的学习情况。这种监测和评估系统可以帮助教师定向了解自己当天授课方式是否得当，及时调整教学策略，同时也可以为同学们提供更好的沉浸式学习体验，打造教学自循环系统。

总而言之，智慧课堂的核心是利用人工智能技术丰富教学手段，将看不见摸不着的概念具像化，为教师提供更加全面、准确的学生情况反馈，动态调整教学内容和难度，达到教学"双赢"。在这里，学习不再是单向灌输的枯燥过程，而是一个互动、趣味十足的冒险旅程。同学们，未来已来，和 AI 一起享受智慧课堂带来的无限可能吧！

思考题

请你想一想，人工智能在智慧课堂上还有哪些应用？

15.2 个性化教学

专属于你的私人教练

传统的课堂往往是一对多的，教师为不同的学生使用相同的教学方法，有可能会出现基础差的学生听不懂、基础好的学生学不够的情况。要想让每位同学都获得符合自己水平的个性化教学，按传统的方法，要为每名同学配备专属教师才行。这样做是不现实的，一方面比起一对多的课堂，专属教师的成本非常高；另一方面，优秀的教师资源有限，不一定总能找到合适的教师。

有了人工智能的帮助，个性化教学（图 15-2）就比较容易实现了。人工智能可以通过机器学习和深度神经网络等技术，分析我们的知识基础和学习习惯，从而制定个性化学习方案，成为我们的专属"私人教练"。有的同学喜欢看动画、有的同学喜欢做实验、有的同学喜欢看图解，那么个性化教学就可以帮我们找到最喜欢的学习方法。如果你在理科上特别有天赋，系统可能会发现你在解决函数问题时总是能够迅速且准确地找到解决方法，基于这一发现，"私人教练"会为你创建一个定制化的学习路径，这个路径包括更高阶的课程内容和挑战性的问题，以满足你对学习的渴望。同样，如果你在某个知识点上遇到困难，"私人教练"会调整学习内容和难度，提供更多练习和解释材料，从而帮助你掌握这一知识点。

图 15-2　在家接受个性化教学

学习安排师

科学合理的学习安排对于教学来说是非常重要的。在常规的教学模式中，理科课程通常会被安排在上午，但这并不一定符合所有同学的学习规律。人工智能平台就像是同学们的学习安排师，它会根据同学们感兴趣的科目和薄弱的科目，制订个性化的学习计划，推送符合我们学习计划的题目。这样就不需要花费时间思考"接下来学什么"，可以快速进入状态。根据学习情况的记录，学习安排还会动态调整，比如在学习完规定的新课内容之后，会根据你的知识掌握情况，为你推送需要复习的内容。

AI 作业辅导 & 智能作业批改

家庭作业经常会让同学们头疼，尤其是那些难以解决的数学题目。有时候学校老师来不及讲题，书后附的参考答案又语焉不详，想要弄懂解题过程是一件很困难的事。有了人工智能的帮助，我们就可以把难题拍照

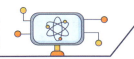

第四部分 人工智能的应用

上传到搜题软件，软件利用基于深度神经网络的图像识别技术提取照片上的题目文字，再与大数据题库匹配，给出解题步骤和详细解释。不过，拍照搜题虽然方便，但我们还是要先尝试独立思考解题，实在不会做了再求助人工智能哦！

在语文和英语的写作方面，人工智能同样可以帮助我们。学校老师的时间有限，不能总是帮我们仔细批改作文，而人工智能可以瞬间帮助同学们找出文章里的语法错误、拼写失误，甚至还有写作风格的建议。同学们立刻就能知道自己的不足，及时修改提高写作技能。这种系统采用了自然语言处理技术，通过大量写作样本学习，可以理解、分析和评估学生的写作内容，就像一个真正的教师那样实时检测出作文中的语病，并给出合理的修改建议。随着人工智能技术的不断进步，这样的系统也在变得越来越精准。不仅能完成简单的错误检查，还能分析文中的逻辑结构并提供创造性写作的指导，提示你尝试新的表达方式，从而提高作文的丰富性和创造性。

> **思考题**
>
> 请你想一想人工智能还能为学习提供什么样的助力？人工智能让学习全程数字化，那么它可以完全取代人类教师吗？

15.3 语言学习

语言学习需要大量的实践，在常规语言教学模式下，教师按照教材讲授知识，学生的实践往往不够充分，特别是口语和听力，一直困扰着广大学生和家长。有了人工智能的帮助，就可以利用自然语言处理技术来为课堂教学做补充，完成发音指导、语法纠正、对话生成等任务，助力同学们提升语言水平，真正实现"哪里不会学哪里"。那么，人工智能是如何做到这一点的呢？

和 AI 对话练习口语

很多同学在英语课上不敢开口说英文。但有了 AI 就大不一样了。AI 教练就像口袋里随身携带的外国朋友，随时准备和你对话。只需要对着手机说"Hello, how's the weather today?"AI 教练就会用标准的英音回答

"It's quite lovely, thank you for asking!"而且它还会对同学们发音中的错误耐心纠正。系统可以模拟全英文的环境，同学们和虚拟的欧洲、美国同学聊天、玩游戏，甚至还能和著名的英文演讲家进行辩论。在全英学习环境下，同学们的口语一定会变得流利起来！

AI 语言游戏提升学习趣味

记单词对于同学们来说可能像爬山一样困难，过了一山还有一山。而且背过的单词很快就忘记了。但有了 AI，这门难题立刻就变成了一个有趣的挑战。AI 语言游戏应用让同学们在游戏中探险。每学到一个新单词，就能解锁新的道具，过关斩将。比如在游戏中记得"audacious"（大胆的）这个单词，就能让角色勇闯恶魔巢穴救出公主！这样的学习方式既好玩又实用（图 15-3）！

图 15-3　家长在人工智能的帮助下和孩子一起学英语

通过以上案例，我们可以看到人工智能在语言学习中的应用非常广泛。然而，人工智能并不是万能的。虽然它可以辅助我们进行听说读写的训练，但我们仍然需要通过大量的实践、与他人的交流来提高我们的语言能力。同时，我们也要看到，人工智能技术还在不断发展中，未来它将在语言学习中发挥更大的作用。让我们一起期待吧！

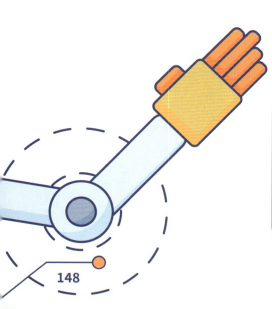

> **思考题**
>
> 　　人工智能的确给我们带来了很多便利和高效的语言学习方式，但它也存在局限。请你说一说，有哪些英语学习场景是人工智能所不能取代的？

第16章 工作场所中的人工智能应用实例

除了生活和学习外,人工智能在各个专业领域也在不断地帮助着人们降低成本、提高效率。在第16章中,我们将以医疗行业和制造业为例,从医院到工厂,看看人工智能是如何应用在各个工作场所的。

16.1 医疗行业

AI 辅助诊断

我们在第 9 章曾经了解过一个比较传统的人工智能应用——专家系统 MYCIN，它可以根据输入的病例描述和知识库完成推理，做出诊断并给出用药建议。专家系统是 AI 辅助诊断的雏形，人工智能技术发展到现在，能做的事情比当时的专家系统要多得多。

医疗行业的特点决定了它拥有大量数据，无论是病历、论文还是检测报告，都能够成为诊断的依据。机器学习和神经网络擅长从大量数据中挖掘规律，从而帮助医生做出诊断，给出用药建议，有时候可能比人类医生还要全面。

在人们就医的过程中，通过 CT、核磁共振、X 光等检测，还会产生许多医学影像数据。传统的医学影像处理方式是由医生一张一张"看片子"，非常依赖医生的个人经验，而且有漏看的风险。如果在医学影像数据的处理过程中加入人工智能的帮助，则可以利用深度学习技术快速识别图像，帮助医生发现病灶，从而做出诊断。

曾几何时，大医院一号难求，多少病人和家属需要彻夜排队才能见到医生一面；如今随着 AI 辅助诊断技术的发展，公众"看病难"的问题或许得到了一剂解药。

药品研发

除了帮助医生外，人工智能也可以帮助药品研发人员。

现代药品的研发是一个筛选的过程。有潜力成为药品的化合物有成千上万种，药品研发人员需要从这些候选化合物中找到真正能与病原体或细胞上的蛋白质靶点相互作用、达到治病效果的化合物。怎么筛选呢？可以凭经验挑选一些有可能与靶点相互作用的化合物，再利用细胞和分子生物学实验验证它们的效果。这样筛选药物，效率是很低的。

现在的人工智能模型已经可以从氨基酸序列预测蛋白质结构，也有模型可以生成若干种候选化合物，甚至还能预测化合物与蛋白质靶点的结合情况，进而评估它们的治疗效果，为整个筛选过程加速。辉瑞公司正是利用了人工智能技术，才快速研发出了新冠特效药，减轻了许多新冠感染者的病痛。

健康管理

就算不在医院，人工智能也能时刻帮我们保持健康。

拥有健康管理功能的手表和手环现在已经相当普及了，它内置了各类传感器，不仅能记录我们每天的运动量，还能持续收集我们的心率、体温、血氧等数据，并通过人工智能算法实时分析，一旦发现异常，就会及时提醒，帮助我们发现自己身体的健康风险，及时就医（图 16-1）。

如果遇到跌倒、车祸等意外情况，人工智能健康管理设备还可以自动发送位置，帮我们呼叫救护车，第一时间获得治疗。

图 16-1　智能手表监测佩戴者在运动时的健康状况

思考题

AI 诊断可以完全代替医生吗？为什么？

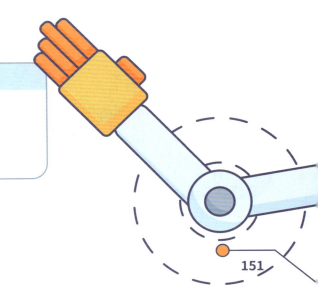

16.2 制造业

智能分拣

如果你来到现代化的工厂车间，会发现这里并没有太多工人的身影，取而代之的是各种机器人（图16-2）。

工厂里有机器人，没什么稀奇——在人工智能投入使用之前，人们就可以用传统编程的方式来控制机器人，让它按照人类设定的指令来操作。不过，有时候这样的方式不太好用：在分拣零件的时候，零件的摆放方式往往是歪七扭八的，机器人的机械臂要针对零件的不同位置，使用不同的动作来捡起它们，这时传统的编程方式就显得不太够用了，需要人工智能的帮助。

配备了人工智能的分拣机器人，可以用摄像头的图像分析零件的位置，再利用机器学习技术多次尝试分拣，训练出能够分拣不同位置零件的人工智能模型。为了提升训练效率，甚至可以为分拣机器人设置一些虚拟的场景，在这些场景中进行快速迭代训练，并结合真实数据调优。经过这样的不断训练，配备了人工智能模型的分拣机器人最终可以达到和熟练人类工人不相上下的分拣成功率。

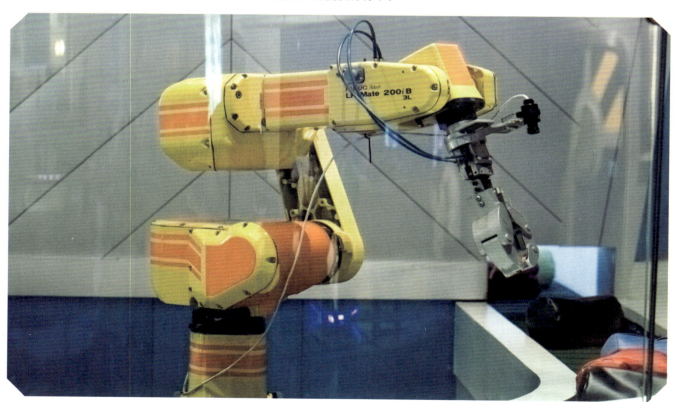

图16-2 工业机器人

设备健康管理

工厂里的设备都是有使用寿命的，需要定期检修维护。如果人工检修，可能需要停机，影响生产效率。有了人工智能的帮助，就可以实时监测设备的使用状态，用机器学习算法来预测设备参数要怎样调整，延长设备的使用寿命，并且预测设备发生故障的可能性，提前安排维护，减少非计划的停机时间。

质量检测

质量检测也是制造业中必不可少的环节，传统的方式会使用人工检测，让检验员肉眼观察产品表面是否有污渍、裂缝、瑕疵等，有时也会用到一些专业仪器。

人工智能要怎么应用在这个环节呢？使用深度学习进行图像处理的技术已经相当成熟，它可以应用在外观方面的质量检测上，能达到比人工更高的速度和精度。利用人工智能完成质量检测，纳米级的缺陷也不在话下，甚至还可以自动判定缺陷是否可以修复，并规划修复的方法。

> **思考题**
>
> 工厂中的工业机器人是否一定要具有类似人类的外形？为什么？

第17章
娱乐休闲领域的人工智能应用实例

劳逸结合才能让我们更有效率，在娱乐休闲领域，人工智能的应用让我们不出家门也能获得满满的愉悦感。在第17章中，我们将重点讨论智能推荐、虚拟现实、电影工业方面的人工智能应用，开启一场关于未来娱乐世界的神奇之旅。

第四部分
人工智能的应用

17.1 智能推荐

娱乐的方式有很多种，有些人喜欢品尝美食，有些人喜欢看电影，有些人喜欢听音乐，有些人喜欢读小说。无论是哪种娱乐方式，我们都面临着一个选择问题：我到底吃什么、看什么、听什么、读什么？人工智能可以帮我们解决这种"选择困难症"。利用人工智能技术研发的智能推荐系统如同一位聪明的魔法师，可以预测你会喜欢哪些美食、电影、音乐、书籍等。

根据内容的个性化推荐

智能推荐其实可以看作一个模型，向模型输入娱乐产品的内容，模型会输出你可能有多喜欢这个娱乐产品。假如你平时经常在视频网站观看影片，视频网站的推荐系统就会持续收集你对各类影片的评价。就算你没有在网站打分的习惯，一些其他信息也可以反映出你到底喜欢不喜欢这部影片，例如播放时长、是否快进、是否打开弹幕和是否评论内容等。利用影片内容和这些反映你个人喜爱度的数据，智能推荐系统就可以建立模型，为你推荐新的影片，准确抓住你喜欢的类型，把适合你的娱乐内容送上门。

根据相似度的推荐

要想训练一个专属于自己的个性化推荐模型，需要大量的数据，要是数据不够多，智能推荐可能就会不准确。在这种情况下，可以用其他的推荐方式来做补充，例如根据相似度的推荐。

智能推荐系统掌握着许多人的喜好信息，别人的喜好也可以作为向你推荐的依据。比如，你和你的同学经常去打卡各家不同的奶茶店，智能推荐系统根据你们的消费记录，认为你们在这方面是相似的，都是"奶茶爱好者"。那么假如附近新开了一家奶茶店，你的同学已经去尝过了，并且给出了好评，智能推荐系统就会认为同为"奶茶爱好者"的你也可能喜欢这家奶茶店，从而把它推荐给你，带领你找到新美味（图17-1）。

创造中成长
探索人工智能的奇妙世界

图 17-1　智能推荐系统带领我们找到新美味

根据实时情境的推荐

我们的喜好不是一成不变的，会随着场景的变化而变化，因此智能推荐系统还需要具备按照实时情境推荐的能力。当你在一个阳光明媚的周末早晨打开音乐软件时，它会推荐一些轻快的歌曲，让你的心情更加美妙。当你在一个阴雨绵绵的傍晚打开阅读软件时，它可能会推荐一些温馨治愈系的故事，让你的世界变得更加温暖。

> **思考题**
>
> 很多手机应用（例如学习平台、社交应用、电子商务网站、音乐、视频流媒体等）都可以向我们智能推荐内容。请你想一想，这样的智能推荐系统的优点和可能存在的问题是什么？

17.2 虚拟现实和增强现实——走进奇幻世界的 AI 魔法

在一个遥远的星系中,太空勇士们准备着自己的飞船,向着未知奇境启程。突然,一声令人振奋的指令传来:"现实世界的冒险家们,摘下你们的头盔,午餐时间到了!"等等,这是怎么回事?

抱歉打乱了你们畅游太空的美梦!你现在所在的世界叫作虚拟现实(VR),在这里,你只需一副 VR 眼镜和一些软件的帮助,就能体验到不同于平常生活的惊险刺激(图 17-2)。那虚拟现实背后有哪些奥秘呢?

穿梭幻境:VR 的魔力秀

想象一下,你的身体明明坐在舒适的沙发上,眼睛却遨游在银河之巅,或是在恐龙时代的丛林跑酷,这是 VR 能够带给你的奇妙体验。VR 利用计算机技术,创建出一个可以互动的三维世界,让你感觉自己就像是在那个世界里一样,好比是穿上了一件能让你飞越现实的魔法斗篷。

这背后的科学原理是什么呢?当你戴上 VR 眼镜或头盔,其中的屏幕会给你的左右眼展示略有不同的画面,创造出深度感,同时,随着你头部的移动,这些画面也会实时变化,这就是所谓的头部追踪技术。在 VR 系统中,人工智能结合传感器技术,可以精确识别和分析你的动作,并相应地调整环境,使得体验更加逼真。VR 通过我们的视觉、听觉甚至触觉,骗过了我们的大脑,让我们相信自己正在处于一个完全不同的环境中。

图 17-2 虚拟现实技术

扩展现实：AR 的隐藏世界

不同于 VR 把用户带入一个完全虚构的空间，AR（增强现实）则是在我们的现实世界上叠加虚拟信息。拿起你的智能手机或平板电脑，通过镜头望向周围，在 AR 世界中，你看到的仍然是你所在的房间，不过可能稍微有一点不同，比如书架后面多了一只会动的卡通小兔子。这就是 AR，它让我们看到现实世界与虚拟世界的完美融合。

《精灵宝可梦 Go》这款游戏就使用了 AR 技术。游戏玩家利用智能手机的相机和屏幕，在身边的街道和公园中收集虚拟的宝可梦，获得了在真实世界寻宝的乐趣。

AR 运作魔法

AR 技术需要计算机理解和记忆你周围的环境，而这正是人工智能擅长的。例如，摄像头会捕捉到周边的景观，然后通过深度神经网络快速处理这些图片，识别出空间大小，甚至是物体的形状和表面质地。接下来，它会把虚拟物体渲染进这个场景中。这样，不管你怎么移动设备，虚拟物体就像真的存在那里一样。这就像是一个无形的魔术师，不仅知道你所处环境的全部秘密，还能在这里加上令人惊叹的特效。

现在的你，可能已经被 VR 和 AR 这两个超酷的技术折服了，但这只是开始，未来人工智能会让我们的娱乐体验变得更加惊艳。或许有一天，你在穿梭于外太空的星际旅行时，真的可以闻到星球的气味，或是感受到不同重力的拉扯。所以，亲爱的冒险家们，不管是在校园还是家里，不妨让我们的想象力放飞，拥抱人工智能带来的无限可能吧！留心身边的 VR 和 AR 应用，感受科技的魔法与创造力的结合，让我们一起期待那个充满奇迹的未来！

17.3 电影工业背后的智能工厂

孙悟空一个筋斗云跳上云端，维京勇士们骑着龙翱翔天际，这样的场景在影视作品里时常出现，但它是怎么拍摄出来的呢？

传统的特效拍摄方式费时费力，演员要被钢丝吊在空中，美术组要绘制大量的背景和前景画，还需要制作经得起特写镜头拍摄的精致道具和大场景拍摄使用的微缩模型……有了人工智能的帮助，电影特效就可以走入数字时代，让画面更精美、更逼真。

动作捕捉和视觉特效技术

或许你看过《阿凡达》系列电影，电影中生活在潘多拉星球的纳美族人与色彩斑斓的生物一定给你留下了深刻的印象。这些动画角色的诞生离不开动作捕捉技术，在动作捕捉的过程中，演员们身穿特殊服装进行动作表演，人工智能通过摄像头捕捉和分析他们的面部表情和肢体动作，再将这些表情和动作赋予虚拟角色的 3D 模型，让虚拟角色拥有生动自然的表现力，电影后期制作如图 17-3 所示。

这些 3D 的虚拟角色是由视觉特效技术创造的，它可以说是电影魔术的"魔杖"。在电影《复仇者联盟》中，铁甲侠的盔甲、雷神的锤子乃至绿巨人的肌肉，都是通过特效制作的。在特效制作的过程中，人工智能可以快速准确地进行图像分割、物体识别与跟踪，让画面更加真实合理。

图 17-3　电影后期制作

AI 创作机

可能有人会认为，故事创作永远是人的专利，但其实 AI 也能在这方面帮上忙。通过学习大量的剧本和故事，AI 可以提供创意的火花，比如新的角色设定，又或者是一段能让故事更好的对话。

AI 还能定制角色轨迹。如果你对《疯狂动物城》中的兔子朱迪和狐狸尼克的冒险之旅印象深刻，那你一定想不到，导演是如何让成千上万的动物角色在城市中来来往往。事实上，这个庞大的工作量背后，AI 正默默地发挥着作用，它能按照算法生成城市中的行人流，让每个角色都有独一无二的行动轨迹。

除此之外，AI 在剪辑上也发挥了巨大的作用。电影拍摄完成后，通常有成千上万小时的素材需要剪辑。在以往，这是一场耗时费力的手工活，但现在 AI 助手能迅速地帮助编辑找到最好的镜头。它们甚至可以分析观众的情感反应，挑选出能让观众笑声最多、惊呼最响的场景。

未来的电影世界，一定会有更多的 AI 技术加持带给我们更多惊喜。下一次当你坐在影院里，享受着爆米花和环绕立体声带来的影音盛宴时，不妨想想，这些让人叹为观止的场景背后，AI 又发挥了哪些神奇的魔法呢？

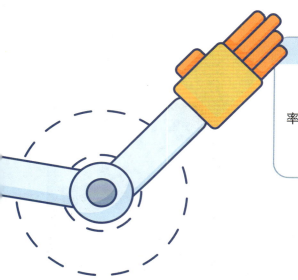

思考题

如何利用现代科技，特别是人工智能技术，提高电影制作的效率和质量？

第18章 人工智能成为生产力工具

前面几章，我们了解了人工智能在生活、学习、工作、娱乐等领域的应用，不过这些人工智能都是为了完成特定任务而设计的，还有不少需要我们具备一定的专业知识才能使用，离普通人还有一定的距离。怎样才能让人工智能成为每个人的生产力工具呢？秘密或许藏在"通用"和"生成式"这两个关键词里。

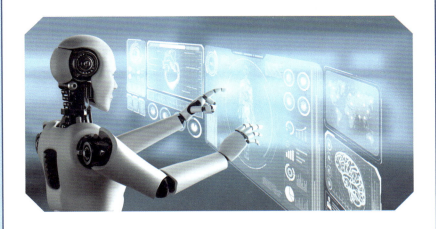

18.1 大语言模型

自然语言处理

语言使人类区别于其他物种，语言是大多数人在工作中的普适性媒介，要是能使用我们平时说话的方式（也就是**自然语言**）和人工智能交流，无须编写程序，想必会方便得多。因此，自然语言处理一直是人工智能研究的主要方向之一，而要想让人工智能处理自然语言，就要建立**语言模型**。

语言模型有很多种形式，比如词袋模型，是把一段文字拆成一个个单词，全部放在一个"袋子"里。用词袋模型生成文本的过程就像是从袋子里抽取单词，单词越常见，被抽到的概率就越大。词袋模型比较简单，用来做分类任务还不错，但如果我们想做更多的事，这个模型就显得有些捉襟见肘了。

大语言模型

研究者们尝试将深度神经网络加入语言模型中，开展了一系列研究。2017 年提出的 Transformer 架构引入自注意力机制，取得了不错的效果。随后越来越多的研究人员与工程师以 Transformer 架构为基础，结合各种语料库训练得到了非常多的大语言模型。其中来自 OpenAI 的 ChatGPT 在 2022 年底第一次让公众意识到，如今的人工智能已经可以生成流畅的语句，完成相当合理的对话。

像 ChatGPT 这样的语言模型基于深度学习技术开发，并且在海量文本数据上完成了预训练，它们被称为大语言模型（Large Language Model，LLM）。它们可以完成各种各样的自然语言任务，例如问答系统、机器翻译、文本分类、情感分析等，为人们的工作提供了极大的帮助。

对话形式的大语言模型（图 18-1）应用不局限于某一类特定的任务，无论你提出什么问题、什么要求，它都能给出合理的回应，有点接近理想中"通用人工智能"的概念。

第四部分
人工智能的应用

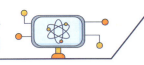

什么是AGI?

AGI（Artificial General Intelligence）指的是人工通用智能，它是一种设想中的高级人工智能系统，能够理解、学习、适应，并成功执行广泛范围内的智能任务，如同人类那样灵活地在不同领域展现智能行为。AGI旨在模拟人类一般的智能水平，包括但不限于跨领域学习、抽象思考、解决问题、创新及适应新环境的能力。当前，虽然我们在某些特定领域已经实现了强大的AI应用，但真正达到AGI标准的系统尚不存在。

请你再用小朋友能听懂的方式解释一下。

AGI就像是一个超级聪明的机器人朋友，它可以像我们一样学会做各种各样的事情，比如解答数学题、画画、讲故事，甚至还能自己学习新的本领。现在我们有的机器人只能做好一件事情，比如下棋或者打扫房间，但AGI就像动画片里的"多啦A梦"，什么都会哦！不过，这样的机器人朋友我们现在还没有造出来呢。

图 18-1　对话形式的大语言模型

中文大语言模型的挑战

自然语言处理最初是以英文为基础开始研究的，而当研究进入中文领域，又会遇到特有的挑战。

就拿最基础的步骤"分词"来说，拿到一段文字之后，计算机需要把这段文字划分成一个个单词。对于英文来说，这个任务很简单，只要在空格或标点的地方把文字断开，就获得了一个个单词，但如果换成中文要怎么做呢？中文的词是由字组成的，每个词的字数不一样，而且词与词之间没有空格，计算机无法通过像"在空格的地方断开"这样简单的规则来分词。就算我们给了计算机一本《现代汉语词典》，告诉它几乎所有常见的词都在词典里了，在实际操作时还是会遇到一些有歧义的情况。例如，"他说的确实在理"按我们的理解，应该拆分成"他 / 说 / 的 / 确实 / 在 / 理"，但计算机可能会认为"他 / 说 / 的确 / 实在 / 理"也是一种合理的拆分方式。

除此之外，在训练中文大语言模型时，还会遇到数据稀缺、词汇丰富度高、句法结构复杂等困难，都需要研究者们设法解决。

国产大语言模型在 Transformer 架构的基础上，针对中文环境进行训练和优化，取得了不错的效果，目前常见的国产商用大语言模型包括通义千问、文心一言、讯飞星火、智谱清言、百川大模型等。

思考题

词袋模型忽略了语言的哪些特征？

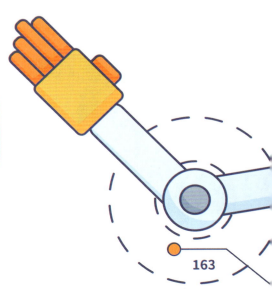

18.2 人工智能生成内容(AIGC)

无中生有

大语言模型最令人印象深刻的可能是它的"创作能力":给它一句提示,它就能在几秒钟之内帮你写完一个故事、一篇总结、一份策划书……虽然细节上可能有些不够充实,但毕竟速度比人快多了!写作是一种**生成**类的任务,它比我们前几章讨论的回归、分类更复杂,是人工智能与公众交流所必需的能力。

在生成文字方面,我们已经了解到预训练的 Transformer 模型表现得非常出色;而在其他领域也有相应的领先技术,例如生成对抗网络(GAN)是一种无监督学习的方法,它利用扮演"创作家"的生成网络和扮演"鉴赏家"的判别网络相互对抗,不断互相学习提高水平,最终可以生成逼真的图像。

基于人工智能,目前已经产生了许多能够生成各类内容的工具。除了能生成文字内容的各类大语言模型外,还有能生成图像的 DALL-E、Midjourney、Stable Diffusion 等。生成声音和视频的工具也在不断发展中,2024 年初发布的 AI 视频模型 Sora 已经能生成长达 60 秒的一镜到底稳定视频。这些工具生产出的内容统称为 AIGC(人工智能生成内容,如图 18-2 所示)。

图 18-2 人工智能生成的图像

AIGC 引发生产力变革

AIGC 正在引发一场世界范围的生产力变革。

一方面,许多专业能力的门槛降低了,我们可以在人工智能的帮助下完成一些自己原本不太擅长的专业任务。

从前要想开发一个小程序,我们需要招聘若干名程序员,或者外包给专业公司;而如今大语言模型可以直接生成代码,我们只需要稍微懂一点开发,就能在人工智能的帮助下自己完成。

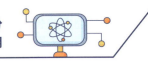

第四部分 人工智能的应用

从前要想创作绘本，我们需要找到合适的插画师一起合作；而如今人工智能图片生成工具可以将我们输入的文字描述转化成图片，我们只要提供点子就可以。

从前要想在网上卖衣服，我们需要请模特试穿拍摄"卖家秀"；而如今我们只需要把衣服的平铺照片输入给人工智能，人工智能就可以生成以假乱真的模特照。

另一方面，在我们本来就擅长的专业领域，人工智能可以代替我们做一些简单重复的工作，提高效率。

从前我们在查资料的时候，会使用搜索引擎，比如搜索"能生成图片的人工智能工具"，会看到一些文章和报道，把它们一篇篇点开，我们就能综合整理出一个列表；而如今我们向生成式大语言模型提问"有哪些能生成图片的人工智能工具"，它会直接提供给我们整理好的列表。

从前当我们需要一些灵感的时候，我们会去阅读资料，或者开一个"头脑风暴会"，花上至少半天的时间来起几个文章标题或者产品名称；而如今大语言模型几秒钟就能生成 10 个这样的标题或名称，不喜欢也没关系，敲敲键盘它就能再生成 10 个新的，我们只要负责挑选就可以（图 18-3）。

> 我正在写一篇关于 AGI 的科普文章，请帮我起几个备选标题，目标读者是青少年，请突出趣味性。

1. "智能奇遇记：走进神秘的 AGI 世界"
2. "假如哆啦 A 梦是真实的——揭秘 AGI 的神奇力量"
3. "从科幻到现实：探索全能型 AI 伙伴的成长历程"
4. "智慧星球探险：一起解密 AGI 的无限可能"
5. "游戏王的智慧卡片：揭开 AGI 的全知全能面纱"
6. "未来工程师指南：手把手教你打造自己的 AGI 小伙伴"
7. "超越阿尔法狗：向着全能型 AI 的星辰大海出发"
8. "当电脑变成大侦探皮卡丘：青少年视角下的 AGI 探秘"
9. "智者无界：带你畅游 AGI 引领的科技奇幻乐园"
10. "人工智能总动员：跟 AGI 一起解开未来的密码"

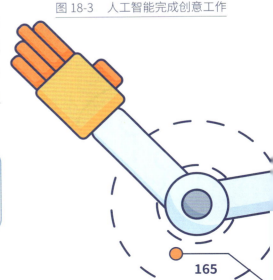

图 18-3　人工智能完成创意工作

有人曾经提出，创作是人类特有的能力，人工智能永远无法像人类这样创意无限，而如今随着生成式人工智能的广泛应用，这个说法或许将成为历史。生成式人工智能还将继续发展，未来的生成式人工智能可能是多模态的，可以同时处理文字、图像、视频、声音等信息，越来越接近理想中的"通用人工智能"。

> **思考题**
>
> 在生活和学习中，生成式人工智能可以怎样帮助你？

18.3 实践活动：探究大语言模型能否通过图灵测试

活动背景

在第 1 章中，我们曾经探讨过人工智能的定义，并且了解过一些用于定义人工智能的测试：其中最有名的是用问答完成的图灵测试。如今我们拥有了非常擅长问答的人工智能——大语言模型，它能否足够真实地模拟人类对话，成功通过图灵测试呢？请你设计一个实验来探究这个问题吧！

提出问题

当今的大语言模型是否具备足够的智能以通过图灵测试？

做出假设

大语言模型 _____ （能 / 不能）通过图灵测试。

活动步骤和数据记录

1. 准备阶段

a. 确定参与测试的大语言模型：可以选择国产大语言模型，如通义千问（tongyi.aliyun.com）、文心一言（yiyan.baidu.com）等。打开它们的网页并登录，尝试问几个问题，熟悉它们的用法。

b. 准备问题：根据前面与大语言模型的对话经验，小组成员一起准备 10 个问题，问题需要是你和同学们都可以用几句话快速回答出来的，可以涉及以下类型。

■ 逻辑推理类：如果你有一个篮子装满了 5 个苹果，你从篮子里拿出 2 个苹果吃掉了，那么篮子里还剩多少苹果？

■ 情境理解类：假设你在公园里散步，突然看到一只小狗跑丢了，它的主人很焦急。你会怎么安慰主人并帮助寻找小狗？

■ 情感表达类：如果你的好朋友因为考试没考好而感到沮丧，你会如何安慰他 / 她，并分享你的类似经历或给出建议？

■ 创造性思维类：设想一下未来城市的样子，描述一种可能的出行方式及其对环境的影响。

■ 常识类：列出三种哺乳动物，并描述它们的主要特征。

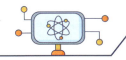

第四部分 人工智能的应用

c. 分配角色：按照下面的列表，抽签分配角色，除了裁判员外，其他人在测试结束前不能公开自己的身份。
- 裁判员：1 人。
- 大语言模型操作员：根据小组总人数安排 1~2 人。
- 人类参与者：其余所有人。

2. 测试阶段

a. 使用你常用的聊天工具（如微信、钉钉、企业微信等）建立一个临时群，所有人入群。

b. 裁判员从步骤 1 准备的问题列表中任选一个，发送到群内。

c. 大语言模型操作员将问题发送给大语言模型，再将大语言模型的回答发送到群内；同时人类参与者按照自己的想法认真回答问题，将回答发送到群内。大语言模型操作员可以稍微延迟发送，以免因回答过快而被识破。

d. 裁判员继续从问题列表中选择提问，重复步骤 b、c，直到总共提问 5 次为止。

e. 裁判员根据所有问题的回答猜测每个参与者的身份，记录在表格中。

f. 所有参与者公开身份，验证裁判员的猜测是否准确。

3. 重复

如果时间允许，可以准备更多的问题列表，重新抽签，再进行若干轮表 18-1 的测试。

表 18-1　图灵测试结果记录表

参与者编号	1	2	3	4
猜测身份	☐人类 ☐AI	☐人类 ☐AI	☐人类 ☐AI	☐人类 ☐AI
真实身份	☐人类 ☐AI	☐人类 ☐AI	☐人类 ☐AI	☐人类 ☐AI
猜测是否正确				
正确率				

活动讨论

★ 根据实验结果，你认为大语言模型是否通过了图灵测试？为什么？

★ 大语言模型在哪些类型的对话中表现出高度拟人化的智能，又在哪些情境下暴露出局限性？

★ 大语言模型操作员能否通过调整指令，让大语言模型在本测试中表现更好？应该怎样调整？

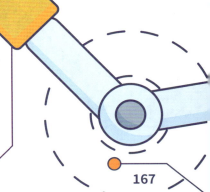

第五部分
人工智能的未来

我们已经在第四部分了解了许多人工智能的应用场景，其实从更大的时间尺度来看，人工智能的世界不过鸿蒙初辟，等待我们了解的还有很多很多。即便是这样，人工智能的应用已经给人类社会带来了巨大的振动，在引发一些争议的同时，也带来了极大的希望。在第五部分中，让我们一起展望人工智能的未来。

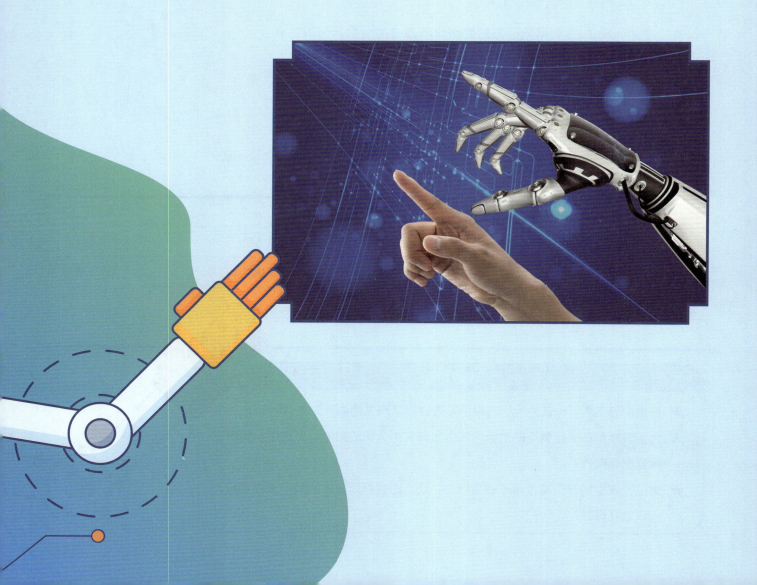

第19章
我们会被 AI 取代吗

人工智能已经应用到各行各业，大多数人对人工智能的发展持有乐观的态度。但除了技术本身，人工智能还受到了一些其他方面的质疑。在第 19 章中，我们将了解人工智能发展过程中遇到的几点技术之外的问题、探讨它们的解决方案，并展望人工智能在人类社会中的发展前景。

19.1 内容的挑战

知识产权

上一章我们了解到，生成式人工智能可以创作文字、图像、声音、视频等人工智能生成内容（AIGC）。AIGC 是内容，我们对内容并不陌生，在人工智能诞生之前，人类就已经在创作和使用大量的书籍、绘画、电影等内容，也制定了创作和使用它们的规范。但面对 AIGC 这种新形式的内容，传统的规范还适用吗？

传统上讲，内容创作者对自己创作的内容享有著作权，它是知识产权的一种。著作权受法律保护，未经著作权人允许，其他人不能随意修改、使用作品。对于 AIGC 来讲，这个问题就变得复杂了——人工智能写的文章、绘制的画作，著作权到底属于谁？

有人说著作权应该属于人工智能，但人工智能不是人类，从法律的角度或许不能享有著作权。

那么把著作权给人工智能的使用者，也就是在计算机前敲键盘向人工智能提问题的你，怎么样呢？你可能会有点心虚：使用者只是提供了点子，没有付出太多的劳动，研发这些生成式人工智能的公司和机构才是大功臣。

把著作权归于研发公司和机构有一定的道理，但人工智能并不是凭空制造出来的，这些研发公司和机构使用了大量的数据来训练模型。用于训练的内容也有对应的作者，训练出来的模型创作出来的内容，作者是否也应该享有一些著作权呢？

实际上，有些作者已经明确表示，由于著作权的归属不明确，他们不希望自己的作品被用于训练生成式人工智能。

有问题的内容

除了与内容相关的知识产权外，内容本身也可能会有一些问题。既然生成式人工智能可以根据使用者的指令来生成内容，那么使用者的意愿就决定了内容的主题，如果不加监管，甚至可以让人工智能生成违法的内容，例如血腥暴力的图片（图 19-1）。因此，目前可以公开使用的生成式人工智能几乎都会自我检查，防止使用者恶意生成违法内容。

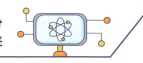

第五部分
人工智能的未来

还有人会故意使用人工智能生成假消息、假新闻，例如用 AI 换脸技术制作政客和明星的"丑闻视频"。如果技术足够好，这样的虚假内容可以骗过很多人，造成恶劣的社会影响。

> 请画一张图：密室凶杀案现场
>
> 抱歉，由于平台内容审核限制，无法为您绘制这样的图像。您可以尝试提供一个更为适宜或不涉及敏感题材的场景描述。

图 19-1　人工智能无法生成违法内容

生成式 AI 的滥用

即便是在相对正常的场景下，使用生成式人工智能最好也要多加考虑。

越来越多的大学生会使用大语言模型来撰写论文，有些学校对此现象明令禁止，有些则尚在观望。学业是自己的，盲目依赖生成式人工智能来完成学业，对个人成长恐怕没有什么好处。

在媒体、广告方面，越来越多的设计者会直接使用人工智能生成插图，这些插图质量良莠不齐，甚至给人物的一只手画上了 6 个手指头！错误百出的插图引起读者和消费者的反感，非但不能达到宣传营销的目的，还有可能起到反作用。

可见，人工智能生成内容和其他内容一样，需要接受一定的监管。2023 年 7 月 13 日，国家网信办联合国家发展和改革委员会、教育部、科学技术部、工业和信息化部、公安部、国家广播电视总局发布《生成式人工智能服务管理暂行办法》，AIGC 的未来有国家来保驾护航。

> **思考题**
>
> 你认为学校应该禁止用生成式 AI 写作业吗？为什么？

19.2 人工智能的安全性

数据安全

除了内容方面，人工智能受到的许多质疑还来自安全性方面，其中与每个人的生活息息相关的是数据安全（图 19-2）。

通过互联网使用人工智能服务时，可能你会注意到在隐私声明当中往往会提到用户需要提供自己的信息，从姓名、联系方式、证件号，到地理位置和朋友关系，这些都有可能被人工智能服务及其背后的公司和机构收集。这些信息能帮我们获得定制化的服务，让我们获得更好的推荐，让生成的内容更符合我们的风格。然而，这些信息一旦被恶意利用，就会产生可怕的后果：犯罪分子可能会利用我们的个人隐私对我们敲诈勒索，也可能伪造我们的人脸和声音冒充我们，对亲朋好友诈骗。

图 19-2　金融信息安全

在商业层面，使用人工智能可能存在商业秘密泄露的风险。试想，一名员工将公司的销售数据上传到人工智能平台以完成数据分析，一旦这份数据落到竞争对手的手里，就有可能造成公司的损失。

好在数据安全已经纳入了法律规范，根据《中华人民共和国数据安全法》等法律法规，人工智能服务提供者必须要保护我们提供的数据。对我们个人来说，合法的大公司、大品牌提供的人工智能服务，基本可以放心使用。

人身安全

上面这些例子大部分是对我们的财产造成了威胁，而在少数情况下，人工智能的使用可能会威胁到我们的人身安全，这些情况往往是由于将性命攸关的决策权交给了人工智能而造成的。

就拿自动驾驶汽车来说吧，我们当然可以对人工智能做针对性的训练，让它在驾驶过程中避免发生交通事故，但现实世界的情况总是千变万化的，对于未知的路面情况，自动驾驶汽车的人工智能模型到底会做出什么样的反应也是未知的，一旦出现差错就是人命关天。

我们在本书的开头提到过阿西莫夫"机器人三定律"，让人工智能不伤害人类，说起来简单，实现起来又谈何容易！

社会安全

在社会层面，大量使用人工智能同样会带来安全问题，特别是在基础设施和公共服务方面。

曾用于传染病防控的"健康码"由人工智能分析使用者的活动轨迹而生成，正常情况下是绿色，有传染风险时变为黄色或红色。一旦人工智能出现故障，误把大批普通人的健康码变为黄色或红色，就会大范围地影响人们的正常上班、上学和出行。

像电力系统这样的基础设施，如果使用人工智能来控制，一旦出现故障，就有可能造成大范围停电，停电不仅影响人们的生活，还会增加一些安全隐患。

可见，国家在基础设施和公共服务上大范围推行人工智能的使用之前，需要充分的论证与测试。

> **思考题**
>
> 在日常使用人工智能服务时，我们可以采取哪些措施来保护个人信息？

19.3 与 AI 共存

公平和信任

上面这些对安全性的怀疑，充分反映了一种现象——人们对人工智能缺乏信任。

这种信任危机不无道理。假如你是外卖骑手，看到人工智能为你推荐了一条非常绕路的跑单路线；或者假如你是网约车司机，明明是高峰期却接不到人工智能派发的任何订单，相信你也会有这样的疑问：人工智能真的能做出理性决定吗？

在第 2 章中，我们描述了"理性智能体"。人工智能研究者可以制造出一个尽可能理性的智能体，让它根据提前设定好的规则，给出合乎规则的判断，但对公众来说，规则（或者说算法）本身的公平性还有待商榷。对外卖软件的人工智能来说，预计送达时间用路程来估算似乎是公平合理的，但对骑手来说，假如忽视了小区是否允许电动车进入、电梯是否要等很久这些因素，算法本身就是不公平的。

还有的时候，由于深度神经网络的大量应用，即便是研究者也不知道人工智能到底是怎样做出的决策。它更像一个"黑箱"，研究者只知道我们向它输入了什么，它输出了什么，却很难理解它内部复杂的推理过程。这样的不透明度更加催生了人们的不信任——让一个思路无法被普通人理解的智能体来评估我们的工作表现、决定我们的收入，简直和给外星人打工没什么差别！

更可怕的是，如果有人使用了挑选过的带有偏见的数据来训练人工智能，就会得到带有偏见的人工智能模型。如果使用者在使用这样的模型时抱着"人工智能的结论一定比人类的判断更客观理性"这样的想法，恐怕会产生一连串的错误决策。

就业影响

许多人对人工智能的担忧来自这个问题：人工智能会不会取代人类，导致我们找不到工作？

的确，随着人工智能的广泛应用，越来越多的职业被人工智能替代。我们接到的推销电话，大部分时候已经不是真人在打电话，电话另一头的人工智能可以识别我们的语言，回复相应的句子。购物时遇到问题想联系在线客服，很多时候我们只能和人工智能客服反复对话，要是问题比较复杂，恐怕要花上一番功夫才能联系上真人客服。去便利店买东西，很多店铺会设置自助结账机，让顾客自己扫码付款，不再设置专职的收银员（图19-3）。

图 19-3　自助结账机

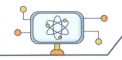

第五部分 人工智能的未来

容易被人工智能取代的，是像电话推销员、客服、收银员这样简单重复的体力和脑力职业，这样的工作通常有明确的规则，没有太多发挥创意的空间。而一些需要发挥创意的工作同样因人工智能的到来而改变，例如美术设计师需要在拥有绘画技能的同时熟练掌握生成式人工智能的用法，用 AI 辅助作画，提升效率。

人工智能的广泛应用还会催生一些全新的职业。从事人工智能研发工作的科学家和工程师自不用说；像本章前两节提到的内容与安全性的问题，还会催生像 AI 伦理顾问和 AI 法规专员这样的新职业；更有人认为，专门研究如何更好地向生成式人工智能提问的"提示词工程师"也会成为热门的新职业！

与 AI 共存

自工业革命以来，人类经历过几次巨大的技术进步，每一次的技术进步中，都有一批职业消失了，同时诞生了一批新的职业，但总的来说，得益于技术进步，人类的生产力和生活水平都提高了。

任何新技术在诞生之初都是备受争议的，人类经历了三次工业革命，才有了现在的生活；有理由相信，以人工智能高速发展为标志的第四次工业革命也不例外，将使我们拥有一种全新的与 AI 共存的生活。人类不会被 AI 取代，AI 会成为人类的帮手。

思考题

你认为哪些职业无法被人工智能替代？为什么？

第 20 章
中国的人工智能

　　我国政府对人工智能发展给予了大力支持，国务院于 2017 年印发《新一代人工智能发展规划》，对人工智能发展进行了战略性部署，确立了"三步走"目标。目前，中国的人工智能在人才培养、科研成果、应用场景推广等方面都取得了显著成就。

　　在第 20 章中，我们将重点了解人工智能在北斗卫星导航系统和"祝融号"火星车这两个场景中的应用。

20.1 北斗卫星导航系统

北斗卫星导航系统（BDS）对很多人来说是一个既陌生又熟悉的名字，你可能在使用手机地图导航时听到过"北斗高精导航"的说法，但到底什么是"北斗"呢？

"北斗"是由中国自主建设和运营的全球卫星导航系统，像一个在天空中的指南针，可以帮助我们在地球上的任何地方找到自己的位置。除北斗以外，其他国家也研制了全球卫星导航系统，例如美国的 GPS、欧洲的伽利略等。这些导航系统是由一群卫星组成的，卫星在地球的不同轨道上运行，实时地与我们手中的设备通信，通过设备与不同卫星的距离来计算出空间位置，帮助我们轻松找到自己想去的地方（图 20-1）。

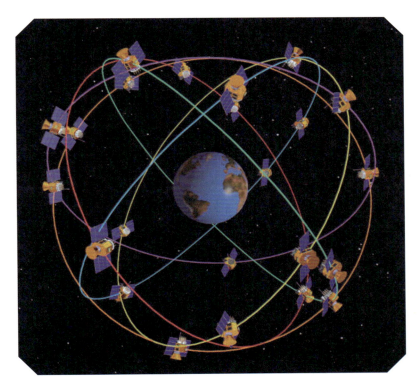

图 20-1 在不同轨道上运行的导航卫星
（图片来源：ardupilot.org）

在北斗系统中，人工智能扮演着重要的角色。它可以处理卫星信号中的复杂数据，并对可能出现的误差做出预测与调整，这样就能提供更加精确的服务。

精准导航

有了人工智能的加持，北斗卫星导航系统就能更精确地判断你的位置，甚至能知道你所在的汽车正行驶在哪条车道上。人工智能还会帮助北斗卫星导航系统分析交通数据，预测交通拥堵情况，为你规划最佳出行路线。

农业种植

你知道农民伯伯种地可以用卫星导航吗？是的，现在他们能用上北斗和人工智能的超强组合，准确地进行种植和收割。配备了北斗导航智能终端设备的农机，能够精准规划路线，完成整地、播种、收获等各种作业，不仅提高了粮食产量，还节省了不少力气，可以说是农业界的"劳动小能手"！

灾害救援

还有更神奇的呢，北斗加上 AI 甚至可以协助救援工作，当自然灾害发生时，它能迅速分析受灾区的状况，预测救援路线，甚至帮助救援队避开危险地带，确保救援物资更快、更安全地送达需要帮助的人。

智慧管家

北斗和 AI 配合还能干出很多令人不可思议的事情，比如帮助无人驾驶汽车在复杂城市中穿行，管理着空中的无人机交通……它就像是一个高科技的管家，随时随地为我们提供帮助。

> **思考题**
>
> 请你想一想，在日常生活中，北斗卫星导航系统还有哪些应用？

20.2 "祝融号"火星车

"祝融号"火星车是我国自主研发的火星探测器，它的任务是在火星表面进行巡视探测，收集火星土壤、大气等科学数据，为我们了解火星提供重要信息，是我国航天事业的重要成果之一。

火星是一颗荒凉的红色行星，距离我们很远，风沙飞舞，温度变化大，表面布满了岩石和沟壑。在这样一个极端的环境中，祝融号火星车需要独自冒险探索、收集信息，寻找可能的生命迹象。它就像一个勇敢的太空探险家，一个机器人版本的"神奇校车"。但是，火星车并不是孤独战斗的勇士，它的大脑里装有强大的人工智能，让它能够做出很多聪明的决定。

自主导航

"祝融号"火星车需要在火星表面自由行走,但是火星表面到处都是险恶的地形。就像地面的无人驾驶汽车一样,"祝融号"火星车也可以利用人工智能进行自主驾驶。人工智能是火星车的 GPS 和好朋友,它可以分析地形,创建和更新地图,规划路径从而避开障碍物,找出一条既安全又有效的路线,就像一个真实版的"寻宝游戏"。火星表面的火星车(概念图)如图 20-2 所示。

图 20-2　火星表面的火星车(概念图)

图像分析

"祝融号"火星车装有各种相机和传感器,这些装备就像它的眼睛和皮肤,可以看到周围的景象、感知不同的物质。在分析传感器数据时,人工智能起到了关键作用,它能够帮助分析祝融号收集的大量图片和数据,也能识别不同的岩石和土壤类型。如果火星车拍到了一些特殊的地表特征,人工智能就会进行分析,确认它们是不是具有研究价值的水源或者生命迹象。

决策支持

火星与地球的距离非常远,通信至少需要十几分钟,因此火星车不能时时刻刻依靠地球上的控制中心来做出决策。这时候,人工智能就变成了一个决策顾问。例如,祝融号在巡逻的时候发现了两条可能的道路,人工智能会评估哪一条路更安全、更值得一探,就像你在游戏里面遇到了两扇神秘的门，需要选择一个进入一样。此外，人工智能可以根据预设的目标或任务来做出决策，例如是否需要采集某个岩石样本，或者是否在某个位置停留。

故障诊断

人工智能可以监测和控制火星车上的各种设备运行状态，例如电池的电量、各个探测器的运作情况等，以确保它们可以持续正常地工作。万一祝融号在火星上遇到了什么小麻烦，比如一个轮子卡在了沙子里，人工智能就会化身"医生"，诊断问题出在哪里，并给出修复建议。

人工智能正处在飞速发展的阶段，它可以说是当前最热门的科学技术，也最有可能在未来一段时间内改变整个世界。掌握了人工智能，就是掌握了未来世界的钥匙。如果你有志于从事这一行业，不妨从现在开始做准备，或许未来能在人工智能的辉煌发展史上写下中国的名字！

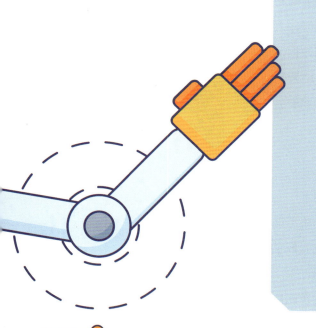

创造中成长

探索人工智能的奇妙世界

参考答案和程序代码
（部分）

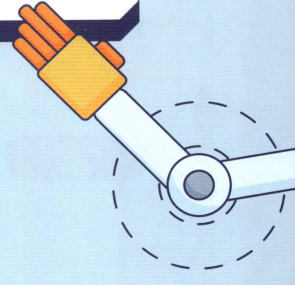

创造中成长
探索人工智能的奇妙世界

1.1

弱人工智能：铁蛋

强人工智能：MOSS、智子、哈尔 9000

1.2

无标准答案，言之成理即可。

答案示例

测试名称：情感理解与表达测试。

测试流程：

1. 准备一段包含复杂情感的故事或对话，例如描述一个人在面对困难时的挣扎与成长。

2. 要求人工智能理解和解释故事中的情感变化，包括人物的情感状态和情感转折点。

3. 让人工智能根据故事的情节和情感，创作一首诗歌或短文，表达对故事主题和情感的理解。

测试通过标准：

1. 人工智能能够准确识别并解释故事中人物的情感变化，包括情感的层次和转折点。

2. 人工智能创作的作品能够体现出对故事主题和情感的深刻理解，包括使用恰当的词汇、修辞手法和情感色彩。

3. 人工智能的作品能够引起人类读者的情感共鸣，让读者感受到作品所表达的情感深度和真实性。

如果人工智能能够满足以上三个标准，就可以认为它通过了情感理解与表达测试，表明它在情感理解与表达方面具有与人类相似的能力。

2.1

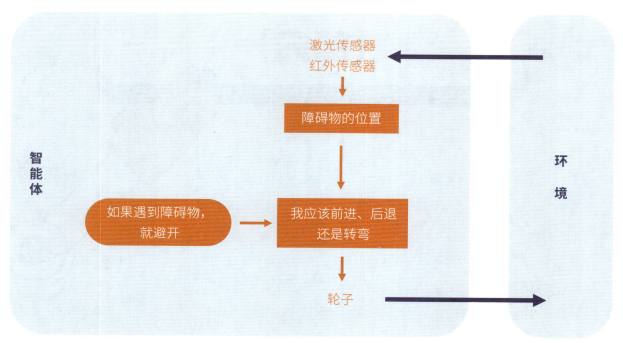

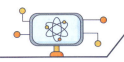

2.3

无标准答案，言之成理即可。

答案示例

我觉得计算机科学对人工智能研究最重要。因为人工智能主要是用电脑做的，就像我们玩游戏要用到游戏机一样。计算机科学就是研究怎么让电脑更聪明、更快、更有效地做事情。比如，怎么让电脑像人一样看懂图片，听懂声音，甚至理解我们说的话，这些都是计算机科学在帮助人工智能进步。但是，我也知道其他学科也很重要，比如心理学能帮助我们理解人的思考方式，语言学能帮我们了解语言的规则，这些都能让人工智能变得更像人，更好用。但没有计算机科学，这些人的好想法就没法变成真的，所以我觉得计算机科学最重要。

3.1

输入				输出
输入 1	输入 2	输入 3	输入 4	
无电流	无电流	有电流	有电流	有电流
有电流	无电流	有电流	无电流	无电流

3.2

1.

十进制数	二进制数
23	10111
21	10101
15	1111
12	1100
20	10100

2. 10111，10110，1110，10010，11000

3.3

1. 相当于 +1 运算。

2. 显示数字变为 0000。不正确，因为结果超出了 4 位的显示范围，无法表示第 5 位的进位。

3. 纸笔：在左边一位的旁边写小数字。加法器：1 数板左上角的可动小挡板。

4. 如果不一致，原因可能是纸笔计算错误、进位小挡板转动不灵活、数板翻动太快、结果超出 4 位无法显示等。

4.1

4 比特

4.2

计算机其实并不懂我们的语言，它只认识 0 和 1 这样的二进制代码。为了让计算机能"看懂"我们的文字，我们就发明了一些编码规则，比如 ASCII 码、GB/T 2312 — 1980 和 Unicode，它们就像是字典，告诉计算机每个二进制代码代表什么意思。

但是，不同的编码规则字典是不一样的。ASCII 码主要用来表示英文，GB/T 2312 — 1980 用来表示中文，而 Unicode 几乎可以表示全世界所有的文字。所以，当你的计算机用错了"字典"，就会出问题。

比如说，你用 GB/T 2312 — 1980 编码写了一段中文，但是计算机却用 ASCII 码的"字典"去读，那它肯定看不懂，就会显示出一堆乱七八糟的符号，这就是我们常说的"乱码"。这就像是你拿着一本英文书，却用汉语字典去查，当然会查不到，看起来就像是乱码一样。

所以，当我们看到乱码的时候，可能就是因为计算机用错了"字典"，只要我们找到正确的编码方式，就能让计算机正确地显示文字了。

4.3

1. 无标准答案，言之成理即可。

2. 无标准答案，言之成理即可。

3. 首先，计算机用的编码规则都是数字的。就像 ASCII 码，每一个字母或者符号都对应一个数字。这样计算机才能读懂，因为计算机只能理解 0 和 1 这样的二进制数字。

其次，计算机的编码规则要统一。比如 Unicode，它可以表示全世界的文字，不管你是写中文、英文还是日文，Unicode 都能搞定。这样，不管你在世界的哪个角落，发出去的信息别人都能看得懂。

再次，计算机的编码规则要简单高效。比如 ASCII 码，它只用了 7 位二进制数就能表示 128 个字符，这样计算机处理起来就快多了。

最后，计算机的编码规则还要容易扩展。比如 Unicode，它一开始只有 16 位，后来不够用了，就变成了 32 位，这样就能表示更多的字符了。

所以，计算机用的编码规则就像是它的秘密语言，既要简单易懂，又要强大全面，这样才能让它更好地工作。

5.1

无标准答案，根据学生姓名不同，会有不同的结果。

5.2

白色（255，255，255）；黑色（0，0，0）

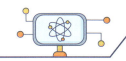

5.3

以下为填写示例：

文件名	处理图像的方式	文件大小	其他
原图	无	13.7 MB	宽度：2 688 像素 高度：1 792 像素
原图 - 减少像素	减少像素	1.54 MB	宽度：900 像素 高度：600 像素
原图 - 减少通道数	减少通道数	4.59 MB	
原图 - 减少颜色数	减少颜色数	4.59 MB	颜色数：256
原图 - 改变图片格式	改变图片格式	376 KB	

6.1

B；大；C；高。

6.2

1. 1 000；1
2. CD

6.3

在观察波形实验中，119 火警声音调高的位置频率高，音调低的位置频率低。

通过频谱分析，我们发现不同人的说话声音在频率范围、峰值频率上都有区别。

7.2

BCA

7.3

无标准答案，言之成理即可。

答案示例

通过实验，我们发现帧率越高，动画效果就越流畅。帧率越高，文件就越大。

综合考虑，我想为我做的动画选择 10 fps 的帧率。

除了调整帧率外，还可以通过调整每一帧的画面、添加动态模糊等方式来让动画变得更流畅。

8.1

答案不唯一，以下是一种可行的拆分方式：

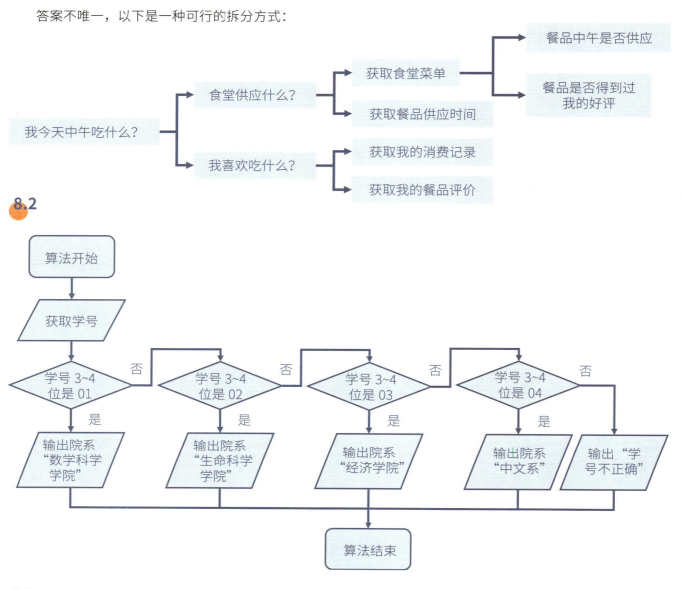

8.2

8.3

实践活动完整代码：

	输入	输出
1	id="2301046"	
2	print(id)	2301046
3	print("学号：",id)	学号： 2301046
4	print(id[0:2])	23
5	print("年级代码：",id[0:2])	年级代码： 23
6	print("院系代码：",id[2:4])	院系代码： 01

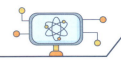

输入	输出
7	
8 `if id[0:2]=="24":`	
9 `nianji="大一"`	
10 `print("该学生的年级是 ",nianji)`	
11 `elif id[0:2]=="23":`	
12 `nianji="大二"`	
13 `print("该学生的年级是 ",nianji)`	该学生的年级是：大二
14 `elif id[0:2]=="22":`	
15 `nianji="大三"`	
16 `print("该学生的年级是 ",nianji)`	
17 `elif id[0:2]=="21":`	
18 `nianji="大四"`	
19 `print("该学生的年级是 ",nianji)`	
20 `else:`	
21 `print("学号不正确！")`	
22	
23 `if id[2:4]=="01":`	
24 `yuanxi="数学科学学院"`	
25 `print("该学生的院系是 ",yuanxi)`	该学生的院系是：数学科学学院
26 `elif id[2:4]=="02":`	
27 `yuanxi="生命科学学院"`	
28 `print("该学生的院系是 ",yuanxi)`	
29 `elif id[2:4]=="03":`	
30 `yuanxi="经济学院"`	
31 `print("该学生的院系是 ",yuanxi)`	
32 `elif id[2:4]=="04":`	
33 `yuanxi="中文系"`	
34 `print("该学生的院系是 ",yuanxi)`	
35 `else:`	
36 `print("学号不正确！")`	

9.1

1.

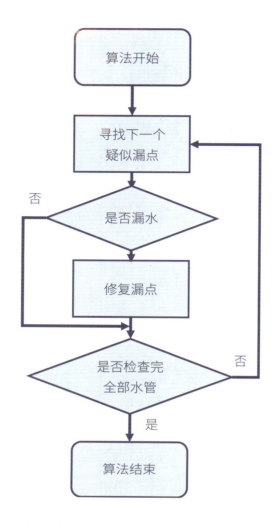

2.演绎推理和归纳推理就像我们解数学题和总结经验的两种方法，但它们的结论并不总是完全正确的。

演绎推理，就像是按部就班地做算术题，如果你的起始条件和每一步推导都没错，那么最后的答案肯定是对的。就像老师说，"所有人都要睡觉，小明是人，所以小明也要睡觉"。只要前面两个条件是真的，结论就肯定没错。

归纳推理呢，就像是我们从小到大积累生活经验的过程。比如，你发现每次下雨前蚂蚁都会搬家，于是你就总结出"蚂蚁搬家，雨就要来"的规律。但是，这种总结出来的规律并不总是百分之百准确，因为可能有特殊情况，比如蚂蚁搬家也可能是因为别的原因，不一定是雨要来了。

所以，演绎推理的结论在前提条件都正确的情况下是正确的；而归纳推理的结论在大多数情况下是对的，但在遇到特殊情况时可能会出错。这就像是我们平时学习和生活中，不能光靠经验，还得结合实际情况分析，才能做出最正确的判断。

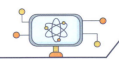

9.2

无标准答案，言之成理即可。

答案示例

欣赏并评价音乐、绘画、电影等艺术品的时候；

识别他人情绪是高兴、悲伤，还是愤怒的时候。

9.3

实践活动完整代码：

```
1  nianji=" 大二 "
2  yuanxi=" 数学科学学院 "
3
4  if nianji==" 大一 ":
5      print(" 为学生推荐《平凡的世界》")
6  elif nianji==" 大二 ":
7      print(" 为学生推荐《百年孤独》")
8  elif nianji==" 大三 ":
9      print(" 为学生推荐《乡土中国》")
10 elif nianji==" 大四 ":
11     print(" 为学生推荐《资本论》")
12
13 if yuanxi==" 数学科学学院 ":
14     print(" 为学生推荐《哥德尔、埃舍尔、巴赫：集异璧之大成》")
15 elif yuanxi==" 生命科学学院 ":
16     print(" 为学生推荐《瓦尔登湖》")
17 elif yuanxi==" 经济学院 ":
18     print(" 为学生推荐《枪炮、病菌与钢铁》")
19 elif yuanxi==" 中文系 ":
20     print(" 为学生推荐《四书集注》")
```

拓展活动算法流程图：

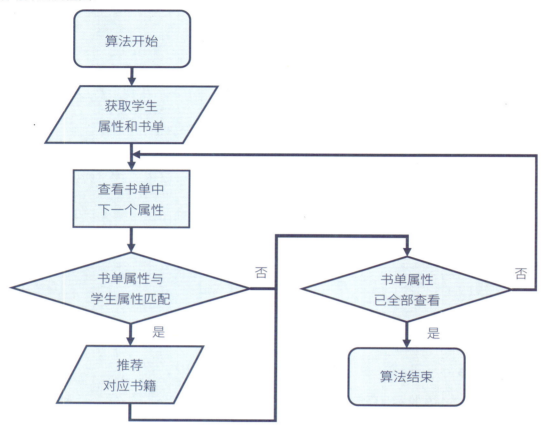

10.1

直线距离：4.9 km　直线距离：1.8 km

10.2

不一定，因为影响乘坐时间的因素还有很多，我们只能推测花费的时间在 24 min 左右。

10.3

实践活动完整代码：

```
1  import matplotlib.pyplot as plt
2  import numpy as np
3
4  x = [15,16,5,6,9,13,4,11,8,14]
```

```
 5  y = [38,50,22,20,35,36,12,32,29,36]
 6  plt.scatter(x, y)
 7  plt.show()
 8
 9  xmean = np.mean(x)
10  ymean = np.mean(y)
11  print(xmean, ymean)
12
13  i = 1
14  sum1 = 0
15  sum2 = 0
16
17  while i <= 10:
18      sum1 = sum1+(x[i-1]-xmean)*(y[i-1]-ymean)
19      sum2 = sum2+(x[i-1]-xmean)*(x[i-1]-xmean)
20      i += 1
21
22  bhat = sum1/sum2
23  ahat = ymean-bhat*xmean
24  print(ahat,bhat)
25
26  x2 = np.linspace(4,16,2)
27  y2 = bhat*x2+ahat
28
29  plt.rcParams["font.sans-serif"] = ["SimHei"]
30  plt.plot(x2,y2,color = "red")
31  plt.xlabel("站数")
32  plt.ylabel("乘坐时间/min")
33  plt.show()
34
35  yhat = bhat*7+ahat
36  print(yhat)
```

11.1

不可以。模型本身就是用训练集来训练的,算法决定了模型对于训练集的数据几乎总是能给出正确的预测,换句话说,它会"记住"整个训练集。如果用训练集的数据来评估模型,模型会一直在测试中得高分,但如果换成更大范围的新数据,模型不一定会有好的表现,也就是说,这样训练的模型泛化能力不强。

11.2

下图是一种错误分类的情况,直线将一些变色鸢尾错误地分类为山鸢尾。感知器通过计算发现其中一个被误分类的数据点之后,可以将分类直线向被误分类的数据点方向移动一定距离。

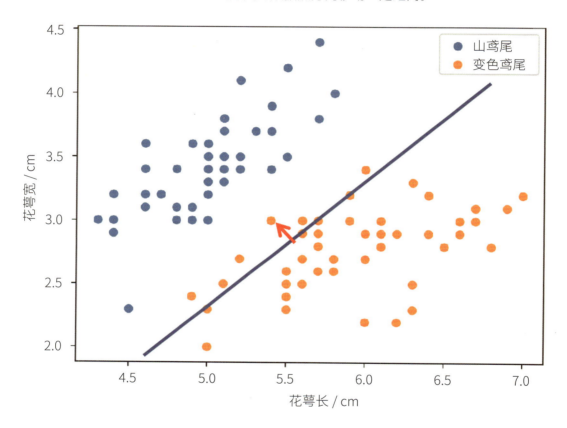

11.3

实践活动完整代码:

```
1  import numpy as np
2  import matplotlib.pyplot as plt
3  from sklearn.datasets import load_iris
4  from sklearn.linear_model import Perceptron
5  # 加载鸢尾花数据集
6  iris=load_iris()
```

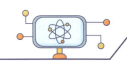

```
7   print(iris["data"])
8   print(iris["target"])
9   # 筛选我们需要的一部分数据
10  X=iris["data"][0:100,0:2]  # 取 iris["data"] 的 0-99 行和 0-1 列，赋值给变量 X，代表特征数据
11  print(X)
12  y=iris["target"][0:100]  # 取 iris["target"] 的第 0-99 个元素，赋值给变量 y，代表标签数据
13  print(y)
14  # 观察数据：绘制散点图
15  plt.rcParams["font.sans-serif"]=["SimHei"]  # 使生成的图片能正常显示汉字
16  plt.scatter(X[0:50,0],X[0:50,1],label=" 山鸢尾 ")  # 绘制前 50 行散点图，设置标签
17  plt.scatter(X[50:100,0],X[50:100,1],label=" 变色鸢尾 ")  # 绘制后 50 行散点图，设置标签
18  plt.xlabel(" 花萼长 ")  # 绘制横轴标签
19  plt.ylabel(" 花萼宽 ")  # 绘制纵轴标签
20  plt.legend()  # 绘制图例
21  # 划分训练集和测试集
22  y[y==0]=-1
```

12.1

1. 观察图 12-3 可知，不会。

2. 是相同的。从图 12-2 可以看出，一个感知器只输出一个预测值。

12.2

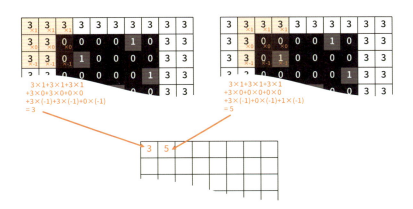

12.3

实践活动完整代码:

```python
import cv2
import numpy as np

img=cv2.imread("test.jpg")
kernel1=np.array([[1,0,-1],
                  [1,0,-1],
                  [1,0,-1]])
kernel2=np.array([[1,1,1],
                  [0,0,0],
                  [-1,-1,-1]])
kernel3=np.array([[0.1,0.1,0.1],
                  [0.1,0.2,0.1],
                  [0.1,0.1,0.1]])
kernel4=np.array([[-1,-1,-1],
                  [-1,9,-1],
                  [-1,-1,-1]])

filtered=cv2.filter2D(img,-1,kernel1) # 根据需要选用 kernel1、kernel2、kernel3 或 kernel4
cv2.imshow("filtered",filtered)
cv2.waitKey(0)
cv2.destroyAllWindows()
```

13.1

B

13.2

无标准答案，言之成理即可。

答案示例

我觉得摩尔定律不会一直持续下去。首先，技术上有个极限，晶体管不能无限缩小，总有一天会小到不能再小，就像你不能把一块糖切成无限小的糖粒一样。其次，成本也是一个问题，虽然现在晶体管变多价格下降，但如果要继续缩小，研发和生产成本可能会变得非常高，到时候可能就不划算了。

13.3

实践活动完整代码：

	输入	输出
1	`import pandas as pd`	
2	`# 数据准备`	
3	`data=pd.read_csv("daily-min-temperatures.csv")`	
4	`print(data)`	``` Date Temp```
5	`data["Date"]=pd.to_datetime(data.Date)`	`0     1981-01-01   20.7`

6	`data=data.set_index("Date")`	`1     1981-01-02   17.9`
		`2     1981-01-03   18.8`
		`3     1981-01-04   14.6`
		`4     1981-01-05   15.8`
		`...         ...    ...`
		`3645  1990-12-27   14.0`
		`3646  1990-12-28   13.6`
		`3647  1990-12-29   13.5`
		`3648  1990-12-30   15.7`
		`3649  1990-12-31   13.0`
		
		`[3650 rows x 2 columns]`

7	`# 查看局部数据`	

8	`print(data.head())`	`             Temp`
		`Date`
		`1981-01-01   20.7`
		`1981-01-02   17.9`
		`1981-01-03   18.8`
		`1981-01-04   14.6`
		`1981-01-05   15.8`

9	`print(data.tail())`	`             Temp`
		`Date`
		`1990-12-27   14.0`
		`1990-12-28   13.6`
		`1990-12-29   13.5`
		`1990-12-30   15.7`
		`1990-12-31   13.0`

10	`# 筛选数据`	
11	`print(data.loc["1988-12-30"])`	`Temp    14.1` `Name: 1988-12-30 00:00:00, dtype: float64`

输入	输出
| 12 `print(data.loc["1990-06"].head())` | ``` 
            Temp
Date
1990-06-01   9.7
1990-06-02   8.2
1990-06-03   8.4
1990-06-04   8.5
1990-06-05  10.4
``` |
| 13 `print(data.loc["1983-10-02":"1983-10-07"])` | ```
            Temp
Date
1983-10-02  13.9
1983-10-03   7.7
1983-10-04   9.5
1983-10-05   7.6
1983-10-06   6.9
1983-10-07   6.8
``` |
| 14 `print(data.loc["1986-02"].tail())` | ```
            Temp
Date
1986-02-24  11.4
1986-02-25  12.5
1986-02-26  12.0
1986-02-27  13.4
1986-02-28  14.4
``` |
15 `# 最大值、最小值、平均值`	
16 `print(data.loc["1990-06"].max())`	`Temp    11.4` `dtype: float64`
17 `print(data.loc["1990-06"].min())`	`Temp    3.7` `dtype: float64`
18 `print(data.loc["1990-06"].mean())`	`Temp    7.72` `dtype: float64`
19 `print(data.loc["1987"].mean())`	`Temp    10.853151` `dtype: float64`
20 `# 可视化`	
21 `data.plot()  # 默认绘制折线图`	
```

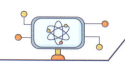

输入	输出
22 `data.plot(style=".")  # 修改 style 参数，绘制散点图`	
23 `# 向下采样`	
24 `data1=data.resample("M")["Temp"].mean()`	
25 `monthly=pd.DataFrame(data1)`	
26 `print(monthly.head())`	``` Temp Date 1981-01-31 17.712903 1981-02-28 17.678571 1981-03-31 13.500000 1981-04-30 12.356667 1981-05-31 9.490323 ```
27 `monthly.plot()`	

14.1~17.3

无标准答案，言之成理即可。

18.1

词与词的关系、词在句子中的顺序等。

18.2~20.1

无标准答案，言之成理即可。